岩土工程技术绿色发展研究

杜常春 罗细华 陈清华 ◎著

中国出版集团
中 译 出 版 社

图书在版编目（CIP）数据

岩土工程技术绿色发展研究 / 杜常春，罗细华，陈清华著. -- 北京：中译出版社，2023. 12

ISBN 978-7-5001-7703-6

Ⅰ. ①岩… Ⅱ. ①杜… ②罗… ③陈… Ⅲ. ①岩土工程－研究 Ⅳ. ①TU4

中国国家版本馆CIP数据核字（2024）第022076号

岩土工程技术绿色发展研究

YANTU GONGCHENG JISHU LÜSE FAZHAN YANJIU

著　　者：杜常春　罗细华　陈清华
策划编辑：于　宇
责任编辑：于　宇
文字编辑：田玉肖
营销编辑：马　萱　钟筱童
出版发行：中译出版社
地　　址：北京市西城区新街口外大街 28 号 102 号楼 4 层
电　　话：（010）68002494（编辑部）
邮　　编：100088
电子邮箱：book@ctph.com.cn
网　　址：http://www.ctph.com.cn

印　　刷：北京四海锦诚印刷技术有限公司
经　　销：新华书店
规　　格：787 mm × 1092 mm　1/16
印　　张：14
字　　数：249 千字
版　　次：2025 年 1 月第 1 版
印　　次：2025 年 1 月第 1 次

ISBN 978-7-5001-7703-6　　定价：68.00 元

前　言

在工程建设中，岩土工程作为关键的组成部分，其施工技术的高低直接关系着工程建设质量和安全，在施工中占据着重要的位置。随着城市建设的加快，我国建设项目数量也在日益剧增，岩土工程施工作为一门理论和实践性、技术性较强的应用技术，在施工过程中涉及了桩基础绿色施工技术、基坑支护技术等。这些技术作为现代岩土工程的关键技术，其科学合理的应用对达到工程质量标准具有重要的意义。此外，在岩土施工中，引进先进的技术、设备及材料，可为提升工程效率和质量及企业经济效益奠定基础保障。

本书是介绍岩土工程技术方面的书籍，共七章。本书从岩土工程介绍入手，分析和阐述了岩土体的工程特性、岩土工程的分类等内容；针对岩土工程勘察方法、地基处理与桩基础技术进行了分析，并研究了地基基础的绿色技术；另外对基坑支护技术及绿色发展、岩土工程施工监测技术、特殊地质条件与自然灾害的勘测技术做了一定的介绍；最后对污染修复技术等方面做了详细论述。为更好地总结近年来在岩土工程施工技术方面取得的创新成果，本书结合岩土工程理论，对各项岩土工程技术成果进行归纳、总结、分析研究，可作为公司专业技术人员的业务培训教程，亦可供广大同行借鉴和参考。作者希望能借此推动国内岩土工程技术的进步，共同探索岩土工程领域的新方法、新技术，促使岩土技术不断发展和完善。

在本书编写过程中，作者参考和借鉴了一些知名学者和专家的观点，在此向他们表示深深的谢意。由于作者的水平及认识的局限性，书中难免有不当之处，恳请广大读者批评指正。

作者

2023 年 6 月

目　录

第一章　岩土工程

第一节　岩土体的工程特性

一、工程土体主要设计参数

(一) 土体的强度参数

土体的强度是指土的抗剪强度，土的抗剪强度参数包括黏聚力 C 和内摩擦角 φ，则土的抗剪强度可用库仑定律表示：

$$\tau_f = C + \sigma\tan\varphi \qquad 式(1-1)$$

式中：

σ——某截面上的正应力，kPa；

τ_f——该截面上的抗剪强度，kPa。

在相同压应力作用下，土体沿正负剪应力方向的抗剪强度是相等的，所以在 $\tau_f-\sigma$ 坐标系里，土的抗剪强度线有两条，对称地分布在横坐标的上下两边，方程分别为 $\tau_i = \pm(C+\sigma\tan\varphi)$。为了方便，在不影响分析结果的情况下，常常用一条线去分析。

土的抗剪强度参数是进行地基承载力计算、边坡稳定分析、挡土结构上土压力的计算、基坑支护设计、地基稳定评价中的重要因素。此参数可用直剪实验和三轴剪切实验等得到，在三轴实验中可分为不固结不排水（UU）、固结不排水（CU）、固结排水（CD）三种情况。

土的抗剪强度参数有总应力（孔隙水压力和有效应力之和）状态和有效应力状态两种情况，孔隙水压力对抗剪强度没有贡献，土的抗剪强度是指有效应力状态下的抗剪强度。工程中常对孔隙水压力的大小难以把握，常根据实际情况和土体的排水条件确定采用不固结不排水剪（C_{uu}，φ_{uu}）、固结不排水剪（C_{cu}，φ_{cu}）或固结排水剪（C_{cd}，φ_{cd}）。例如，在验算地下水以下黏性土挖方边坡施工时，采用（C_{uu}，φ_{uu}）实验结果；验算建筑物地基长期稳定，采用（C_{cd}，φ_{cd}）实验结果；验算大坝坝身长期运行条件下水位骤降时的稳定性，采用（C_{cd}，φ_{cd}）实验结果。

判断某点指定倾斜方向截面是否达到抗剪破坏，须将该截面的剪应力与该截面的抗剪强度对比，如果剪应力比抗剪强度大就破坏，如果抗剪强度比剪应力大就稳定。也可以用几何法判断，在坐标系 $\tau-\sigma$ 中，看某截面的应力的坐标（τ，σ）在坐标系中的位置，如果该点在抗剪强度曲线 $\tau_f = C + \sigma\tan\varphi$ 上方则已达破坏；如果该点在直线上，则处于临界状态；如果该点在直线下方，则没有达到破坏。

判断土体中的指定某位置的稳定状态，需要将该位置的各个方向截面的剪应力与该方向的抗剪强度进行比较。该位置各个方向截面的应力状态可用莫尔圆圆周上的点的坐标表示，则将莫尔圆与抗剪强度曲线 $\tau_f = C + \sigma\tan\varphi$ 放在一个坐标系，看位置关系。如果莫尔圆与直线相切，莫尔圆切点方向的截面达到了临界状态，虽然其他方向没有达到极限抗剪强度，但指定某位置是处于临界状态；如果莫尔圆与直线相割，莫尔圆割线以上方向的截面处于已破坏状态，虽然割线以下方向没有达到极限抗剪强度，但指定位置已处于破坏状态；如果莫尔圆与直线相离，莫尔圆上所有点都在抗剪强度下方，莫尔圆上各个方向的截面都处于稳定状态，则指定位置处于稳定状态。

(二) 土体的渗透性参数

土的渗透性是指土体的透水性能，是决定地基沉降与时间关系的关键因素。常用的参数是渗透系数 k。可通过室内渗透实验、现场抽水或注水实验来测试。

表 1-1 列出了各类土的渗透系数的大致范围。

表 1-1 土的渗透系数范围

土的类型	渗透系数 k/（cm/s）
砾石、粗砂	$a\times10^{-1}\sim a\times10^{-2}$
中砂	$a\times10^{-2}\sim a\times10^{-3}$
细砂、粉砂	$a\times10^{-3}\sim a\times10^{-4}$
粉土	$a\times10^{-4}\sim a\times10^{-6}$
粉质黏土	$a\times10^{-6}\sim a\times10^{-7}$
黏土	$a\times10^{-7}\sim a\times10^{-10}$

(三) 影响土的工程性质的主要因素

土体可作为建筑物（构筑物）的地基、边坡和隧道的组成材料、结构和赋存环境。土体是与工程建筑的稳定、变形有关的土层的组合体。影响土的工程性质的因素主要有：

1. **土的矿物成分**

土的矿物成分是组成土的材料，尤其对于细粒土体，对其工程地质性质起控制作用的是黏土矿物和可溶盐、有机质等的类型和含量及微结构特征。可溶盐对土的工程性质影响的实质是：溶解后使土的粒间连接减弱，增大土的孔隙性，降低土的强度和稳定性，增大其压缩性。

2. **土的粒度组成和密实度**

土中固体颗粒的大小和级配情况直接影响土的强度、压缩性和渗透性。特别对于无黏性土，固体颗粒的形状、颗粒级配直接影响土体的强度。土体越密实，其抗剪强度越高，渗透性越低，压缩性越低。

3. **黏性土的稠度**

稠度是指黏性土的软硬程度。用液性指数来表示，稠度状态可分为流体状、塑体状和固体状。土的液性指数越大，土体越软，越接近于流动状态；液性指数越小，土体越硬，直接影响土的抗剪强度和压缩性能。

4. **黏性土的结构性**

天然状态下的黏性土，由于地质历史作用常具有一定的结构性。当土体受到外力扰动作用，其结构遭受破坏时，土的强度降低，压缩性增高。工程上常用灵敏度来衡量黏性土结构性对强度的影响。土的灵敏度越高，其结构性越强，受扰动后土的强度降低就越明显。

5. **应力历史**

土体在历史上曾受过的应力状态，是指土层在地质历史发展过程中所形成的先期应力状态及这个状态对土层强度与变形的影响。这个曾经承受过的最大固结压力，称为先期固结压力。超固结土和正常固结土的工程性质相比，孔隙性、密实度和抗剪强度及所受应力状态等有差异。

二、工程岩体主要设计参数

岩石是由矿物或碎屑按照一定规律聚集而成的自然体，是不包含显著弱面的岩石块体，通常把它作为连续介质及均质体来看待。岩体是工程作用范围内具有一定的岩石成分、结构特征及赋存于某种地质环境中的地质体。岩石与天然岩体有显著不同，主要表现在以下两点。①岩体赋存于一定地质环境之中，地应力、地温、地下水等因素对其物理力学性质有很大影响，而岩石试件只是为实验室实验而加工的岩块，已完全脱离了原有的地质环境。②岩体在自然状态下经历了漫长的地质作用过程，其中存在着各种地质构造和弱面，如不整合、褶皱、断层、节理、裂隙等。岩体是在内部的黏结力较弱的地质构造和弱面切割下，具有明显的不连续性，使岩体强度远远低于岩石强度，岩体变形远远大于岩石本身，岩体的渗透性远远大于岩石的渗透性。

岩石常用均匀、连续、各向同性模型来研究。岩体因为结构面的存在，力学特征表现为：①不连续；②各向异性；③不均匀性；④岩块单元的可移动性；⑤地质因子特性(水、气、热、初应力)。

岩土体绝大多数是承受压应力，对岩土体进行力学分析时常对其应力的符号做如下规定：正应力以压应力为正，拉应力为负；剪应力以使单元体逆时针转为正，顺时针转为负；夹角从起始截面法线起转到终止截面的法线，逆时针方向转动为正，反之则为负。

(一)岩石的抗剪强度参数

岩石的强度参数包括岩石的抗剪强度、抗拉强度、抗压强度参数。岩石的破坏机理有：①断裂破坏：单轴拉断、劈裂（由拉应力、拉应变引起）；②剪切破坏：塑性流动、剪断（由剪应力引起）。

最大正应变理论认为物体发生破坏的原因是最大延伸应变达到了一定的极限应变，如脆性岩石的单轴压缩破坏；最大拉应力理论认为岩石破坏的原因是危险点的最大拉应力达到了共同的极限值，如脆性岩石的单轴拉伸破坏；应变能理论适用于以延性为主的岩石；莫尔强度理论认为岩石材料属压剪破坏，破坏面上的剪应力超过了该面上的抗剪强度；格里菲斯理论适用于脆性岩石，认为岩石内部的应力状态使其产生裂纹的扩展、连接、贯通等，最终引起破坏。各种强度理论都有一定的适用范围，破坏判断依据的建立与采用，要反映岩石的破坏机制。

莫尔强度理论是岩体破坏常用的理论，该强度曲线为一系列极限莫尔圆的包络线，莫尔圆与强度曲线相切，由试验拟合获得。剪切强度与剪切面上正应力的函数形式有多种形式，如直线型、二次抛物线型、双曲线型等。当应力范围较小时，可近似用直线表示，抗剪强度用库仑定律表示：

$$\tau_f = C + \sigma \tan\varphi \qquad \text{式(1-2)}$$

式中：

σ ——岩石某截面上的正应力，kPa；

τ_f ——岩石该截面上的抗剪强度，kPa；

C——岩石的黏聚力，kPa；

φ——岩石的内摩擦角，(°)。

在 $\tau_f - \sigma$ 坐标系里，土的抗剪强度线有两条，对称地分布在横坐标的上下两边，方程为：$\tau_f = \pm(C + \sigma\tan\varphi)$ 。

岩石的黏聚力 C 和内摩擦角 φ 为岩石的抗剪强度参数。根据岩石应力状态的莫尔圆与抗剪强度曲线的关系，可以判断岩石的稳定状态。如果莫尔圆与直线相切，岩石处于临界状态；如果莫尔圆与直线相割，岩石处于已破坏状态；如果莫尔圆与直线相离，岩石处于稳定状态。

(二)结构面的抗剪强度参数

岩体是在内部被联结力较弱的地质构造和弱面切割，具有明显的不连续性，因此岩体强度远远低于岩石强度，岩体变形远远大于岩石本身。

岩体内所有不连续面称为结构面。结构面的抗剪强度用库仑定律表示：

$$\tau_f = C_j + \sigma\tan\varphi_j \qquad \text{式}(1-3)$$

式中：

σ——结构面上的正应力，kPa；

τ_f——结构面上的抗剪强度，kPa；

C_j——结构面的黏聚力，kPa；

φ_j——结构面的内摩擦角，(°)。

在 $\tau_f - \sigma$ 坐标系里，土的抗剪强度线有两条，对称地分布在横坐标的上下两边，方程为：$\tau_f = \pm(C_j + \sigma\tan\varphi_j)$ 。以第一象限为例，进行讨论，出身第四象限情况时，方法类似。

结构面的黏聚力 C_j 和内摩擦角 φ_j 为结构面的抗剪强度参数。影响结构面的抗剪强度参数主要有作用在结构面上的应力大小、结构面内充水程度、无充填接触面的粗糙程度，以及有充填结构面充填物的物质成分、结构及充填程度和厚度等。结构面的抗剪强度参数比岩石的抗剪强度参数低得多。

判断结构面的稳定性，要比较结构面上的剪应力与结构面的抗剪强度的大小，当结构面稳定或处于极限平衡时 $\tau \leqslant \tau_f$ 。结构面是一个确定方向，在莫尔圆圆周上是一个点，所以稳定问题是该点与直线的位置关系问题。

三、岩体的原始地应力测定

(一)概述

岩体初始应力为天然状态下岩体内的应力，是人类工程活动之前就存在于岩体中的应力，又称地应力、原岩应力。初始应力主要组成部分是自重应力和构造应力，还包括渗流应力、温差应力及化学应力等几部分。

构造应力是地壳中长期存在，促使构造运动发生和发展的内在力量，除构造活动区外，它是构造运动中积累或剩余的一种分布力。

迄今为止，对原岩应力还无法进行较完善的理论计算，而只能依靠实际测量来测定岩体中初始应力状态。

(二)岩体初始应力

岩体初始应力是工程稳定性分析的原始参数，是确定开挖方案与支护设计的必要参数。主要表现为：

1. **区域稳定**

任何地区现代构造运动的性质和强度，取决于该地区岩体的天然应力状态和岩体的力学性质。地震是各类现代构造运动引起的重要的地质灾害，是岩体中应力超过岩体强度而引起的断裂破坏的一种表现。一定的天然应力场基础上，常因修建大型水库改变了地区的天然应力场而引起水库诱发地震。

2. **地下硐室稳定**

对于地下硐室而言，岩体中天然应力是围岩变形和破坏的力源。如果天然应力分布不均匀，可能导致在硐顶拉裂掉块，硐侧壁内鼓张裂和倒塌。

3. **边坡稳定**

天然应力状态与岩体稳定性关系极大，它不仅是决定岩体稳定性的重要因素，而且直接影响各类岩体工程的设计和施工。在岩体高应力区，地表和地下工程施工期间所进行的岩体开挖，常常会在岩体中引起一系列与开挖卸荷回弹和应力释放相联系的变形和破坏现象，使工程岩体失稳。

4. **地基岩体稳定**

开挖基坑或边坡，由于开挖卸荷作用，将引起基坑底部发生回弹隆起，并同时引起坑壁或边坡岩体向坑内发生位移。

第二节 岩土工程的分类

一、土的工程分类

土的工程分类是根据工程实践经验，把工程性能相近的土划为一类。将土作为工程对象进行分类，必须遵循同类土的工程性质最大限度相似及异类土的工程性质显著差异的原则来选择分类指标和确定分类界限。这样才能使人们可能依据同类土已知的性质去评价其性能，也便于人们对土的概念进行交流。

土的工程性质是复杂多样的，各类工程问题的岩土工程侧重点亦不相同，于是分类的主要依据亦不完全一致，因而形成了服务于不同工程类型的分类体系。这种土的工程性质的多元化分类体系是历史的产物，还将可能持续较长的一段时间。

从工程性质角度而言，土的分类有无黏性土、粉性土和黏性土三大类，粉性土与黏性土又称细粒土。这三大类土具有明显不同的外表特征和性质特征。然而，有些土既具有无黏性土的一些特征，又具有黏性土的一些特征，这类土有的分类标准将其归入黏性土的范畴，有的分类标准将其单独归类，称为粉土。

(一) 无黏性土的分类

土由大小不同的固体颗粒（称为土粒）组成，土粒的大小称为粒度。将大小接近的粒径合并为组，称为粒组。粒组一般可分为漂石（块石)、卵石（碎石)、砾石、砂粒、粉粒和黏粒。

土的粒度成分是决定无黏性土的工程性质的最重要因素之一。世界各国无黏性土的划分均采用粒度组成作为其分类指标，这种划分既能反映影响无黏性土的工程性质的主要因素，又具有可操作性，因此是合理的。

一般认为当土的颗粒组成中有一半以上土粒大于 0.05~0.10mm 时，这种土便具有了无黏性土的特征。无黏性土的特征：①颗粒肉眼可见；②无黏性；③具有单粒结构；④压缩性和抗剪强度主要取决于其密实度；⑤现场原状土样极难取得。

无黏性土又可分为砾类土和砂类土。当土中大于砂粒组尺寸的颗粒含量占总土重的50%以上时，称为砾类土。它还可进一步划分为砾石、卵石（碎石）和漂石（块石)。这类土具有较高的承载力，可以作为一般建筑物的地基。当土中大于砂粒组尺寸的颗粒含量不足50%时，称为砂类土。它还可进一步分为砾砂、粗砂、中砂、细砂和粉砂。粗颗粒含量的多少对砂类土的性质影响较大，粉砂和细砂含有较多的粉粒，在饱和状态下，受动力荷载作用易发生液化，在地震区和动力基础区要特别重视。对于无黏性土，在定名时应根据含量由大到小以最先符合者确定。

（二）粉性土的分类

粉性土和黏性土同属于细粒土，粒径小于0.005mm的土为黏粒，0.005~0.075mm的为粉粒，粒径大于0.075mm的颗粒质量不超过总质量的50%，且塑性指数等于或小于10的土为粉性土，粉性土又细分为黏质粉土与砂质粉土。粒径小于0.005mm的颗粒质量超过总质量的10%，小于或等于总质量的15%，塑性指数I_p（塑性指数只能作为参考）大于7而小于或等于10为黏质粉土；粒径小于0.005mm的颗粒质量不超过总质量的10%，塑性指数I_p（塑性指数只能作为参考）小于7为砂质粉土。粉性土具有以下特征。

1. 水稳性差。粉性土是介于无黏性土与黏性土之间的一种土，干燥时有较高强度，湿时带有黏性，随含水量的增加强度显著下降；干时虽有黏性，但易于破碎，浸水时容易成为流动状态。

2. 毛细作用大。粉性土毛细作用强烈，毛细上升高度大（可达1.5m）。在季节性冰冻地区容易造成冻胀、翻浆等病害。粉性土属于不良的公路填筑土。

（三）黏性土的分类

黏性土由于土中的颗粒组成以粉粒和黏粒为主，一般二者含量在50%以上，因此具有显著不同于无黏性土的特征。黏性土具有以下特征。

1. 具有黏性。黏粒与水相互作用产生黏结力，表现为土具有黏性。黏性的大小取决于两个因素：一是土粒的矿物成分和土粒周围水的成分及所含离子的种类与特征；二是土颗粒的总比表面积的大小。通常，土的粒度组成中黏粒含量越多，黏性越大。

2. 具有胀缩性。由于含水量变化而引起土的体积变化的性质称为胀缩性。黏性土的胀缩性容易使地基土产生不均匀变形，并使结构物产生附加应力，造成不利影响。

3. 具有压缩性和抗剪强度。其与土的含水量有着密切的关系。

4. 具有结构性。鉴于黏性土的这些特征，显然，采用颗粒级配粒度组成来进行分类已不合理。目前国内外工程界大多根据土的塑性指数I_p进行分类，因为塑性指数既能反映影响黏性土基本特征的两个因素又便于测定。

按照塑性指数分类时，黏性最大的黏性土称为黏土（I_p>17），黏性中等的黏性土称为粉质黏土（$10<I_p\leq17$）；当塑性指数 $I_p\leq10$ 时，某些规范称这类土为砂质黏土。

（四）《土的工程分类标准》（GB/T 50145—2007）土的工程分类方法

《土的工程分类标准》（GB/T 50145—2007）中，土的分类应根据以下指标确定：①土颗粒组成及其特征；②土的塑性指标——液限、塑限和塑性指数；③土中有机质含量。

1. 巨粒类土

试样中巨粒含量大于75%的为巨粒土［漂石（块石）、卵石（碎石）］，巨粒含量小于75%大于50%的为混合巨粒土［混合土漂石（块石）、混合土卵石（块石）］，巨粒含量小于50%大于15%的为巨粒混合土［漂石（块石）混合土、卵石（块石）混合土］。

试样中巨粒含量不大于15%时，可扣除巨粒，按粗粒类土或细粒类土的相应规定分类；当巨粒对土的总体性状有影响时，可将巨粒计入砾粒组进行分类。

2. 粗粒类土

试样中粗粒组含量大于50%的土称为粗粒类土，其中砾粒组含量大于砂粒组含量的土称砾类土，砾粒组含量小于砂粒组含量的土称砂类土。

砾类土中，细粒含量小于5%的称为砾（又可分为级配良好砾、级配不好砾），细粒含量大于或等于5%小于15%的称为含细粒土砾，细粒含量大于或等于15%小于50%的称为细粒土质砾（又可分为黏土质砾、粉土质砾）。

砂类土中，细粒含量小于5%的称为砂（又可分为级配良好砂、级配不好砂），细粒含量大于或等于5%小于15%的称为含细粒土砂，细粒含量大于或等于15%小于50%的称为细粒土质砂（又可分为黏土质砂、粉土质砂）。

3. 细粒类土

试样中细粒组含量大于或等于50%的土称为细粒类土，其中粗粒组含量小于或等于25%的土称细粒土；粗粒组含量大于25%且小于或等于50%的土称为含粗粒的细粒土；有机质含量小于10%且大于或等于5%的土称有机质土。

（五）《岩土工程勘察规范》（GB 50021—2001）中土的工程分类方法

《岩土工程勘察规范》（GB 50021—2001）对土进行分类如下。

1. 按地质成因分类

晚更新世 Q_3 及其以前沉积的土，定为老沉积土；第四纪全新世中近期沉积的土，定为新近沉积土。根据地质成因，土可划分为残积土、坡积土、洪积土、冲击土、淤积土、冰积土和风积土等。

土根据有机质含量 W_u 的分类：

①有机质含量 W_u 小于5%，称为无机土。

② W_u 大于或等于5%、小于或等于10%的，称为有机质土，现场特征为深灰色，有光泽，味臭，除腐殖质外尚含少量未完全分解的动植物物体，浸水后水面出现气泡，干燥后体积收缩。当含水量 $\omega > \omega_L$，孔隙 $e \geqslant 1.5$ 时称淤泥；当含水量 $\omega > \omega_L$，孔隙 $1.0 \leqslant e < 1.5$ 时称为淤泥质土。

③ W_u 大于10%、小于或等于60%的，称为泥炭质土，现场特征为深灰或黑色，有腥臭味，能看到未完全分解的植物结构，浸水体胀，易崩解，有植物残渣浮于水中，干缩现象明显。W_u 大于10%、小于或等于25%的称为弱泥炭质土；W_u 大于25%、小于或等于40%的称为中泥炭质土；大于40%、小于或等于60%的称为强泥炭质土。

④ W_u 大于60%的，称为泥炭，现场特征为除有泥炭质土特征外，结构松散，土质很轻，暗无光泽，干缩现象极为明显。

2. **按粒径分类**

粒径大于2mm的颗粒质量超过总质量50%的土，定名为碎石土。其中粒径大于200mm的颗粒质量超过总质量50%的称为漂石（块石）；粒径大于20mm的颗粒质量超过总质量50%的称为卵石（碎石）；粒径大于2mm的颗粒质量超过总质量50%的称为圆砾（角砾）。

粒径大于2mm的颗粒质量不超过总质量50%的，粒径大于0.075mm的颗粒质量超过总质量50%的土，定名为砂土。粒径大于2mm的颗粒质量占总质量25%~50%的为砾砂；粒径大于0.5mm的颗粒质量超过总质量50%的为粗砂；粒径大于0.25mm的颗粒质量超过总质量50%的为中砂；粒径大于0.075mm的颗粒质量超过总质量85%的为细砂；粒径大于0.075mm的颗粒质量超过总质量50%的为粉砂。

3. **按塑性指标分类**

粒径大于0.075mm的颗粒质量不超过总质量50%，且塑性指数等于或小于10的土，定名为粉土。

塑性指数大于10的土，定名为黏性土。其中塑性指数大于10，且小于或等于17的土，定名为粉质黏土；塑性指数大于17的土定名为黏土。塑性指数由质量76g的液限仪锥尖入土深度10mm对应的含水量为液限计算而得。

二、岩体的工程分类

根据岩体的地质特征和力学性质，可以把自然界的岩体按照工程建筑的需要归并为若干类别。通过分类，概括地反映各类工程岩体的质量好坏，预测可能出现的岩体力学问题，为工程设计、支护衬砌、建筑物选型和施工方法选择等提供参数与依据；为岩石工程建设的勘察、设计、施工和编制定额提供必要的基本依据；便于施工方法的总结、交流、推广和行业内技术改革与管理。

岩体的分级方法，是针对某种类型岩石工程或专门需要而制定的。例如，用于锚杆支护的围岩分级、地铁岩层分级、坝基岩体分级及工程地质的岩石分级等。

（一）按结构类型分类

岩体内存在一定的地质结构，按结构类型分类，具体规定（见表1-2）。

表1-2 岩体按结构类型分类

<table>
<tr><th>名称</th><th>地质体类型</th><th>主要结构体形状</th><th>结构面发育情况</th><th>岩体工程特征</th><th>可能发生的岩体工程问题</th></tr>
<tr><td>巨块状整体结构</td><td>均质、巨块状岩浆岩、变质岩，巨厚状的沉积岩、正变质岩</td><td>巨块状
巨厚层状</td><td>以原生构造节理为主，多呈闭合型，结构间距大于1m，一般为1~2组，无危险结构面组成的落石掉块</td><td>整体性强度高，岩体稳定，可视为整体</td><td rowspan="2">不稳定结构体的局部滑动或坍塌，深埋洞室发生岩爆</td></tr>
<tr><td>块状结构</td><td>厚层状沉积岩、正变质岩、块状岩浆岩，变质岩</td><td>厚层状
块状
柱状</td><td>只具有少量贯穿性较好的节理裂隙，结构面间距多数大于0.4m，一般为2~4组，有少量分离体</td><td>整体性强度较高，结构面相互牵制，岩体基本稳定，接近弹性各向同性体</td></tr>
<tr><td>层状结构</td><td>多韵律的薄层及中厚层状沉积岩、副变质岩</td><td>层状
板状
透镜体</td><td>有层理、片理、节理，常有层间错动面，结构面间距一般为0.2~0.4m，一般为3组</td><td>接近均一的各向异性体，其变形和强度特征受层面及岩层组合控制，可视为弹塑性介质，稳定性较差</td><td>不稳定结构体可能产生滑塌，特别是岩层的弯张破坏及软弱岩层的塑性变形</td></tr>
</table>

续表

名称	地质体类型	主要结构体形状	结构面发育情况	岩体工程特征	可能发生的岩体工程问题
碎裂状结构	构造影响严重的破碎岩层	碎石 角砾石	断层、断层破碎带、片理、层理及层间结构面较发育，结构面间距小于0.2m，一般在3组以上，由多分离体组成	完整性破坏较大，整体强度很低，并受断裂等结构面控制，多呈弹塑性介质，稳定性很差	易引起规模较大的岩体失稳，地下水加剧岩体失稳
散体状结构	构造影响很严重的断层破碎带、风化严重带、风化极严重带	碎屑状 颗粒状	断层破碎带交叉，构造及风化裂隙密集，结构面及组合结构复杂，并多充填黏性土，形成许多大小不一的分离岩块	完整性遭到很大破坏，稳定性极差，岩土属性接近散体介质	

（二）《工程岩体分级标准》（GB/T 50218—2014）的分类

1. ***岩体基本质量的分级***

岩体基本质量的分级因素应由岩石坚硬程度和岩体完整程度两个因素确定，应采用定性和定量指标两种方法确定。

岩石坚硬程度的定量指标，应采用岩石单轴饱和抗压强度 R_c（见表1-3）。

表1-3　R_c与定性划分的岩石坚硬程度的对应关系

R_c(MPa)	≤5	15~5	30~15	60~30>60	
坚硬程度	硬质岩		软质岩		
	坚硬岩	较坚硬岩	较软岩	软岩	极软岩

岩体完整程度的定量指标，应采用岩体完整性系数 K_v（见表1-4），K_v 为岩体弹性纵波速度与岩石弹性纵波速度之比的平方。

表1-4　K_v与定性划分的岩体完整程度的对应关系

K_v	≤0.15	0.35~0.15	0.55~0.35	0.75~0.55	>0.75
完整程度	完整	较完整	较破碎	破碎	极破碎

岩体基本质量的分级，应根据岩体基本质量的定性特征和岩体基本质量指标（BQ）两者相结合确定（见表1-5）。

表1-5　岩体基本质量分级

岩体基本质量级别	岩体基本质量的定性特征	岩体基本质量指标（BQ）
Ⅰ	坚硬岩，岩体完整	>550
Ⅱ	坚硬岩，岩体较完整 较坚硬岩，岩体完整	550~451
Ⅲ	坚硬岩，岩体较破碎 较坚硬岩，岩体较完整 较软岩，岩体完整	450~351
Ⅳ	坚硬岩，岩体较破碎 较坚硬岩，岩体较破碎~破碎 较软岩，岩体较完整~较破碎 软岩，岩体完整~较完整	350~251
Ⅴ	较软岩，岩体破碎 软岩，岩体较破碎~破碎 全部极软岩及全部极破碎岩	≤250

2. 岩体初始应力状态评估

岩体初始应力状态，当无实测资料时，可根据工程埋深或开挖深度、地形地貌、地质构造运动史、主要构造线和开挖过程中出现的岩爆、岩芯饼化等特殊地质现象做出评估。

3. 地下工程岩体自稳能力分级

地下工程岩体自稳能力为，在不支护条件下，地下工程岩体不产生任何形式破坏的能力，其分类（见表1-6）。

表1-6　地下工程岩体自稳能力

岩体级别	自稳能力
Ⅰ	跨度≤20m，可长期稳定，偶有掉块，无塌方
Ⅱ	跨度<10m，可长期稳定，偶有掉块 跨度10~20m，可基本稳定，局部可发生掉块或小塌方

续表

岩体级别	自稳能力
Ⅲ	跨度<5m，可基本稳定 跨度10~20m，可稳定数月，可发生局部块体位移及中、小塌方
Ⅳ	跨度≤5m，可稳定数日至1个月 跨度>5m，一般无自稳能力，数日至数月内可发生松动变形、小塌方，进而发展为中、大塌方。埋深小时，以拱部松动破坏为主；埋深大时，有明显的塑性流动变形和挤压破坏
Ⅴ	无自稳能力

注：小塌方为塌方高度小于3m或塌方体积小于30m^3；中塌方为塌方高度为3~6m或塌方体积为30~100m^3；大塌方为塌方高度大于6m或塌方体积大于100m^3。

第三节　岩土工程的绿色发展

一、绿色岩土工程

随着全球城市化的热潮，世界各地都在进行大规模建造房屋来满足人类的需求。然而，持续的土木工程活动虽然满足了人类生活的需要，但却消耗了巨大的自然资源，并引发一系列如温室效应、水土流失、土地荒漠化、资源能源紧缺、生物多样性锐减、废弃物泛滥等灾害。因此，面对资源约束趋紧、环境污染严重、生态系统退化的严峻形势，倡导和践行岩土工程的“绿色”革命，实施可持续发展战略，是中国乃至世界土木工程发展的必由之路。

（一）绿色岩土工程的定义

绿色岩土工程，是一种思维，也是一种方法，更是一系列工法的总成，贯穿于岩土工程的全过程中，涵盖规划设计、施工、材料等多个方面。

绿色岩土工程是指将安全性、经济性、绿色性、可持续发展的理念贯穿于岩土工程的全寿命周期内，最大限度地节约资源、保护环境、减少污染，其最终目的是实现工程与自然和谐共生。其定义内涵为：①绿色岩土是一种思维和方法，更是一系列工法的总成；②绿色岩土的全寿命周期，是指贯穿于岩土工程的全过程中，即规划、勘察、设计、施工、监（检）测、维护、报废等全过程；③岩土工程的绿色性、可持续性，是指在保证质量安全、可靠的基础上，重视岩土工程改造过程对资源的需求、对环境的影响，实现岩土工程向生态化、低碳化转型；④绿色岩土工程要求降低对工程区水文地质、工程地质和环境地质的影响。

(二) 绿色岩土工程技术

1. 绿色钻探技术

绿色钻探技术是在地质勘探实施过程中，遵循绿色、可持续的原则，基于技术手段创新，最大限度地减少钻探对生态环境的扰动和影响。吴金生等在以四川省若尔盖为代表的高原生态脆弱区，采用“一基多孔、一孔多支”及生物聚合物环保泥浆等措施，减少了钻探孔数量和搬迁必需的道路建设，降低了泥浆组分及废浆液对环境的污染。既解决了钻孔岩心松散易被泥浆冲失和钻孔漏失等难题，又因不需要液态介质（泥浆）降低了对环境的影响。

2. 场地形成理论

近年来，我们与国外建筑设计单位合作主题乐园及工业等项目时，在岩土工程规划阶段，外方提出了场地形成概念。迪士尼公司在建设上海主题乐园时，场地形成是其建设乐园的第一步。主要是根据现有的地质条件、土地用途及挖填方平衡等，确定地基处理方法并对场地进行预处理，使场地在标高、地基强度、沉降控制等方面达到一定水平，以满足拟建建筑物对场地在后续建造期间及使用期间有足够的安全度。

3. 新型绿色基坑支护技术

（1）支护结构与主体结构相结合技术

对比传统的临时支护结构，支护结构与主体地下结构相结合技术具有工期短、变形小、低碳绿色、节约资源等优点。以杭州地区某工程为例，采取隧道主体墙和基坑围护墙“两墙合一”的形式，优化后整个围护结构节约钢筋 300~400t，节约混凝土 $1.5\times10m^3$。

（2）可回收式锚索、型钢技术

锚索是桩锚支护结构形式的重要构件。不可回收锚索会永久留在岩土体中，污染环境。随着绿色环保意识及地下空间的产权意识在基坑支护设计施工中的不断增强，可回收锚索得到较大的发展，主要包括机械式回收、力学式回收和化学式回收等，并在基坑支护工程中得到大量应用。

SMW 工法是一种新型的地下施工技术，主要消耗材料是水泥和 H 型钢，水泥浆液与土混合不会产生废泥浆，无须回收处理泥浆，在基坑回填后，可使用专用起拔机械，回收H型钢。

(3) 装配式预应力鱼腹梁钢支撑技术

装配式预应力鱼腹梁钢支撑系统（IPS）是以钢绞线、千斤顶和支杆来替代传统支撑的临时支撑系统。该支撑系统具有以下优点：可在现场制作或场地加工厂预制；预应力可随时调节，能较好地控制深基坑的变形，使得基坑周边的环境得到有效保护；支撑跨度大，便于土方开挖和地下室结构的施工，可明显缩短工期；用可重复回收利用的钢支撑材料替代混凝土等建筑材料，节约了工程造价。

4. 环保低碳边坡防护技术

三维排水柔性生态边坡工程系统是考虑柔性生态边坡受力特点，用软体的特殊环保材料，替代钢筋、混凝土、石材等高耗能材料，构建柔性生态护坡的新技术，主要由生态袋、扎口袋和缝线袋、三维排水连接扣等组成。其采用的生态袋具有透水不透土的特性，其间所采用的三维排水连接扣上的垂直孔洞和表面纵横交错的凹槽能够形成立体交错的三维排水网络，从而极大地降低了整个系统的水压力，保证边坡稳定。

目前，生态型加筋土挡墙包括土工格栅包生态袋加筋土挡墙、绿色加筋格宾挡墙和土工格室加筋土挡墙等。其中，土工格栅包生态袋加筋土挡墙又称无面板加筋土挡墙，目前应用较多。土工格栅包生态袋加筋土挡墙的墙面由土工格栅反包填土网袋而成，每层土工格栅相互连接形成整体，网袋内填入适宜当地生长的草籽等，施工结束后数月即可形成绿色生态墙面。土工格栅包生态袋加筋土挡墙在电力、水利、公路、铁路等行业均有广泛的应用。

草绳绳网全生态边坡防护结构采用稻秸秆等废弃物制作而成，代替现有边坡防护中所使用的非生态材料，具有可防雨水冲刷、环保、成本低、施工简单、适合植被绿化等特征。稻秸秆等编制成草绳绳网，经过一定时间段后，草绳绳网格最终自然降解在土壤中，转换为有机肥料。

生态混凝土是一种新型、环保的建筑材料，实质上是一种有着连续孔隙的多孔混凝土，分为环境友好型生态混凝土和生物相容型生态混凝土两类。透水混凝土应用于重力挡土墙后，既可抵抗水流冲刷，又改善了河流的生态系统，符合河流生态护坡的特征要求。

5. 固体废弃物及建筑垃圾处置利用

我国经济处于快速发展之中，固体废弃物产生量长期居高不下。建筑施工过程及房屋拆除过程，主要产生废旧混凝土、碎砖瓦、废钢筋、废竹木、废玻璃、废弃土、废沥青等固体废弃物，其排放总量约占固体垃圾的40%。废弃物的回收利用可以有效降低建设成本和减少环境污染。

6. 荒漠化防治

作为21世纪威胁人类生存、社会稳定和可持续发展的重要因子，荒漠化已经引起各国的高度重视。荒漠化防治是由水文、土壤、气候、生物四个主要要素组成的生态系统在退化之后的整体恢复过程。目前，荒漠化防治措施主要有工程措施、化学措施、生物措施、农业措施等。

二、岩土工程在可持续发展中的新使命

（一）岩土工程在可持续发展中的关键任务与相关问题

以可持续发展理念为基础，生成了多元化的工程可持续性评价办法，通常都会使用英国提出的“三支柱模型”，还可以将其称之为“三底线模型”。在使用该模型的初期，多是用在经济领域对企业的可持续性发展进行评价，之后其应用范围获得拓展，也更加具体，从而可以利用其直接对工程进行评价。为了充分强调自然资源的重要性，在之后提出的多种评价模型中，自然资源并不属于环境要素范围内，从而可以将评价指标划分为经济、环境、社会、资源四种类型。

造成这种情况的主要原因为，可以将自然资源消耗当作对可持续性产生影响的主要原因，但对环境产生的影响就是利用自然资源可能会发生的结果。因此在未来岩土工程可持续发展过程中，按我国的实际发展情况，需要承担以下三方面的新使命与责任。

1. 综合利用地下资源

目前我国的大部分岩土工程在开展过程中，无论是产品还是服务依然会将重点放在“将公共安全作为基础尽全力确保经济性”上，虽然这与可持续发展三支柱中的经济方面存在一定关系，但依然十分孤立。由于岩土工程专业工作对象存在较高的特殊性，如大部分地下资源都具有不可再生性，从未来我国的建筑工程发展方向来看，若想对岩土工程的可持续工作质量进行有效评价，需要结合地下资源要素，还应将其加入政府的建设项目等相关审批内容中。

岩土工程的相关工作人员，应为岩土工程的环境安全提供保障，才能制订更加合理、高效的解决方案，加强对地下空间、资源的利用，提高科学性与效率。

2. 低碳化发展与保护自然环境、自然资源

首先，从前瞻方面来看，在对岩土工程治理或开展工程勘察工作的过程中，应对建设

材料、能源消耗、资源等多方面进行完善、细化控制，同时还面临着多重挑战与任务。第一，要进行更加深层的研究，使低碳地基基础、岩土工程治理方案更加完善并获得创新，这样才能有效减少能源与资源的消耗，从而加强碳排放的合理性，避免发生不合理的自然资源消耗情况。例如我国在制订新的地基方案过程中，会使用建筑垃圾中的载体桩。第二，无论是城市规划还是项目设计，都需要尽可能地避免岩土工程造成的环境污染问题，在各项工作开展的过程中，需要综合考虑地质、水文条件等综合因素，才能使决策更加合理、科学。第三，要将现有的建筑工程地基、基础进行充分使用，应加强对这方面的分析与研究，例如在既有的建筑地基进行压密操作，从而大幅增加地基的压力承载能力，还可以对基础结构进行深入发掘，增强其利用效果。

其次，以实际情况作为基础，制订更加长远的发展规划。针对目前我国岩土工程市场存在的现状与问题，加强管理水平与管理深度，从而使地基基础工程的低碳环保价值得到充分挖掘并利用。第一，要不断提升工程勘察的质量与效率，增强相关工作人员的职业道德与市场的管理水平，完善方案编制，严格审批，避免地基方案错误造成的高耗能地基方案。也可以将其理解为，若水平与质量较低，相关人员不具备良好的职业道德，就会使方案更加高碳化。一方面，设计企业如果很注重勘察工作质量，就会不断增加地基设计具备的安全系数。另一方面，在岩土工程承接并进行治理的过程中，会将物质利益作为基础，将原本条件较为良好的地基更改为较差的地基条件或处理方案。第二，要持续加强专项研究的开展力度，不断提升针对新问题的工程分析技术水平，充分满足岩土工程环境互相影响等相关问题的分析需求，使解决方案不断获得创新与优化，为城市的顺利、安全运营奠定基础，有效避免人为与自然灾害的发生。

3. 合理设计地温能系统与安装质量

为了促进岩土工程获得进一步的可持续发展，需要对地温能系统合理设计，加强安装质量。地温作为可循环再生型清洁能源之一，要不断提升地温能技术的应用水平。但在实际使用过程中，利用地温能运行的空调系统若想使实际寿命大于设计寿命，需要加强对区域地质环境条件与地热资源变化规律的掌握程度，还应对区域性的资源进行全面保护。因此政府应不断增强管理的科学性与合理性，还要不断加深相关基础研究，才能为项目的质量提供保障。

（二）构建完善的可持续发展岩土工程标准体系与评价体系

作为可持续土木工程中的重要组成部分，我国岩土工程若想获得可持续发展，需要社会为岩土工程提供新的服务与帮助，同时也赋予了岩土工程新的使命与责任。因此无论是政府还是行业都要将该问题充分重视起来，才能制订有针对性、高效的工作计划，从而确保工程勘察设计行业可以在可持续发展过程中获得协同发展。

从我国目前的发展情况来看，土木工程行业获得了快速发展，在建设工程的过程中，经常会使用到岩土工程相关技术问题，从而为岩土工程学科的持续发展提供有力支持。从可持续发展方面来看，岩土工程中还存在较多问题，因此只有明确自身的新使命，才能使岩土工程获得可持续、稳定、健康的发展。

第二章　岩土工程勘察方法

第一节　勘察分级

一、岩土工程勘察分级

岩土工程勘察分级，目的是突出重点，区别对待，以利于管理。岩土工程勘察等级应在综合分析工程重要性等级、场地等级和地基等级的基础上，综合确定岩土工程勘察等级。

（一）工程重要性等级

《建筑结构可靠度设计统一标准》（GB 50068—2018）将建筑结构分为三个安全等级（表 2-1）。对于勘察，《岩土工程勘察规范》（GB 50021—2001）主要考虑工程规模大小和特征，以及由于岩土工程问题造成破坏或影响正常使用的后果，分为三个工程重要性等级（表 2-2）。

表 2-1　工程安全等级

安全等级	破坏后果	工程类型
一级	很严重	重要工程
二级	严重	一般工程
三级	不严重	次要工程

表 2-2　工程重要性等级

重要性等级	工程规模和特征	破坏后果
一级工程	重要工程	很严重
二级工程	一般工程	严 重
三级工程	次要工程	不严重

由于涉及各行各业，涉及房屋建筑、地下洞室、线路、电厂及其他工业建筑、废弃物

处理工程等，工程的重要性等级很难做出具体的划分标准，只能做一些原则性的规定。以住宅和一般公用建筑为例，30 层以上的可定为一级，7~30 层的可定为二级，6 层以下的可定为三级。

(二) 场地等级

根据场地对建筑抗震的有利程度、不良地质现象、地质环境、地形地貌、地下水影响等条件将场地划分为三个复杂程度等级（表 2-3）。

表 2-3 场地复杂程度等级

划分条件 / 等级	场地对建筑抗震有利程度	不良地质作用	地质环境破坏程度	地形地貌	地下水影响
一级	危险	强烈发育	已经或可能受到强烈破坏	复杂	有影响工程的多层地下水、岩溶裂隙水或其他水文地质条件复杂，须专门研究
二级	不利	一般发育	已经或可能受到一般破坏	较复杂	基础位于地下水位以下的场地
三级	地震设防烈度≤6 度或对建筑抗震有利的地段	不发育	基本未受破坏	简单	地下水对工程无影响

(三) 地基等级

根据地基的岩土种类和有无特殊性岩土等条件将地基分为三个等级（见表 2-4）。

表 2-4 地基复杂程度等级

划分条件 / 等级	一般岩土				特殊性岩土及处理要求
	岩土种类	均匀性	性质变化	处理要求	
一级（复杂地基）	种类多	很不均匀	变化大	须特殊处理	多年冻土，严重湿陷、膨胀、盐渍、污染的特殊性岩土，以及其他情况复杂、须做专门处理的岩土

续表

划分条件 等级	一般岩土				特殊性岩土及处理要求
	岩土种类	均匀性	性质变化	处理要求	
二级 （中等复杂地基）	种类较多	不均匀	变化较大	根据需要确定	除一级地基规定以外的特殊性岩土
三级 （简单地基）	种类单一	均匀	变化不大	不处理	无特殊性岩土

（四）岩土工程勘察等级

根据工程重要性等级、场地复杂程度等级和地基复杂程度等级，可按下列条件划分岩土工程勘察等级：

甲级——在工程重要性、场地复杂程度和地基复杂程度等级中，有一项或多项为一级。

乙级——除勘察等级为甲级和丙级以外的勘察项目。

丙级——在工程重要性、场地复杂程度和地基复杂程度等级中均为三级。

一般情况下，勘察等级可在勘察工作开始前通过收集已有资料确定。但随着勘察工作的开展，对自然认识的深入，勘察等级也可能发生改变。

对于岩质地基，场地地质条件的复杂程度是控制因素。建造在岩质地基上的工程，如果场地和地基条件比较简单，勘察工作的难度是不大的。故即使是一级工程，场地和地基为三级时，岩土工程勘察等级也可定为乙级。

二、勘察阶段的划分

我国的勘察规范明确规定勘察工作一般要分阶段进行，勘察阶段的划分与设计阶段相适应，一般可划分为可行性研究勘察（选址勘察）、初步勘察和详细勘察三个阶段，施工勘察不作为一个固定阶段。

当场地条件简单或已有充分的地质资料和经验时，可以简化勘察阶段，跳过选址勘察，有时甚至将初勘和详勘合并为一次性勘察，但勘察工作量布置应满足详细勘察工作的要求。对于场地稳定性和特殊性岩土的岩土工程问题，应根据岩土工程的特点和工程性质，布置相应的勘探与测试或进行专门研究论证评价。对于专门性工程和水坝、核电等工程，应按工程性质要求，进行专门勘察研究。

（一）选址勘察

选址勘察的目的是得到若干个可选场址方案的勘察资料。其主要任务是对拟选场址的稳定性和建筑适宜性做出评价，以便在方案设计阶段选出最佳的场址方案。所用的手段主要侧重于收集和分析已有资料，并在此基础上对重点工程或关键部位进行现场踏勘，了解场地的地层、岩性、地质结构、地下水及不良地质现象等工程地质条件，对倾向于选取的场地，如果工程地质资料不能满足要求时，可进行工程地质测绘及少量的勘探工作。

（二）初步勘察

初步勘察是在选址勘察的基础上，在初步选定的场地上进行的勘察，其任务是满足初步设计的要求。初步设计内容一般包括：指导思想、建设规模、产品方案、总平面布置、主要建筑物的地基基础方案、对不良地质条件的防治工作方案。初勘阶段也应收集已有资料，在工程地质测绘与调查的基础上，根据需要和场地条件，进行有关勘探和测试工作，带地形的初步总平面布置图是开展勘察工作的基本条件。

初勘应初步查明：建筑地段的主要地层分布、年代、成因类型、岩性、岩土的物理力学性质，对于复杂场地，因成因类型较多，必要时应做工程地质分区和分带（或分段），以利于设计确定总平面布置；场地不良地质现象的成因、分布范围、性质、发生发展的规律及对工程的危害程度，提出整治措施的建议；地下水类型、埋藏条件、补给径流排泄条件，可能的变化及侵蚀性；场地地震效应及构造断裂对场地稳定性的影响。

（三）详细勘察

经过选址和初勘后，场地稳定性问题已解决，为满足初步设计所需的工程地质资料也已基本查明。详勘的任务是针对具体建筑地段的地质地基问题所进行的勘察，以便为施工图设计阶段和合理地选择施工方法提供依据，为不良地质现象的整治设计提供依据。对工业与民用建筑而言，在本勘察阶段工作进行之前，应有附有坐标及地形等高线的建筑总平面布置图，并标明各建筑物的室内外地坪高程、上部结构特点、基础类型、所拟尺寸、埋置深度、基底荷载、荷载分布、地下设施等。

详勘主要以勘探、室内试验和原位测试为主。

（四）施工勘察

施工勘察指的是直接为施工服务的各项勘察工作。它不仅包括施工阶段所进行的勘察工作，也包括在施工完成后可能要进行的勘察工作（如检验地基加固的效果）。但并非所有的工程都要进行施工勘察，仅在下面几种情况下才须进行：对重要建筑的复杂地基，须在开挖基槽后进行验槽；开挖基槽后，地质条件与原勘察报告不符；深基坑施工须进行测试工作；研究地基加固处理方案；地基中溶洞或土洞较发育；施工中出现斜坡失稳，须进行观测及处理。

三、岩土工程勘察的基本程序

岩土工程勘察要求分阶段进行，各阶段勘察程序可分为承接勘察项目、筹备勘察工作、编写勘察纲要、进行现场勘察和室内水土试验、整理勘察资料和编写报告书及报告的审查、施工验槽等。

（一）承接勘察项目

通常由建设单位会同设计单位即委托方（简称甲方），委托勘察单位即承包方（简称乙方）进行。签订合同时，甲方须向乙方提供下列文件和资料，并对其可靠性负责：工程项目批件；用地批件（附红线范围的复制件）；岩土工程勘察工程委托书及其技术要求（包括特殊技术要求）；勘察场地现状地形图（其比例尺须与勘察阶段相适应）；勘察范围和建筑总平面布置图各 1 份（特殊情况可用有相对位置的平面图）；已有的勘察与测量资料。

（二）筹备勘察工作

筹备勘察工作，是保证勘察工作顺利进行的重要步骤，包括组织踏勘，人员设备安排，水、电、道路三通及场地平整等工作。

（三）编写勘察纲要

应根据合同任务要求和踏勘调查的结果，分析预估建筑场地的复杂程度及其岩土工程性状，按勘察阶段要求布置相适应的勘察工作量，并选择勘察方法和勘探测试手段。在制订计划时，还须考虑勘察过程中可能未预料到的问题，须为变更勘察方案而留有余地。一般勘察纲要主要内容如下：制定勘察纲要的依据，勘察委托书及合同、工程名称，勘察阶段、工程性质和技术要求及场地的岩土工程条件分析等；勘察场地的自然条件、地理位置及地质概况简述（包括收集的地震资料、水文气象及当地的建筑经验等）；指明场地存在的问题和应研究的重点；勘察方案确定和勘察工作布置，包括尚需继续收集的文献和档案资料，工程地质测绘与调查，现场勘探与测试，室内水、土试验，现场监测工作及勘察资料检查与整理等工作量的预估；预估勘察过程中可能遇到的问题及解决问题的方法和措施；制订勘察进度计划，并附有勘察技术要求和勘察工作量的平面布置图等。

（四）进行现场勘察和室内水土试验

勘探工作量是根据工程地质测绘、工程性质和勘测方法综合确定的，目的是鉴别岩、土性质和划分地层。

工程地质测绘与调查，常在选址可行性研究或初步勘察阶段进行。对于详细勘察阶段的复杂场地也应考虑工程地质测绘。测绘之前应尽量利用航片或卫片的判释资料，测绘的比例尺选址时为1：5000~1：50 000，初勘时为1：2000~1：10 000，详勘时为1：500~1：2000，或更大些；当场地的地质条件简单时，仅做调查。根据测绘成果可进行建筑场地的工程地质条件分区，为场地的稳定性和建设适宜性进行初判。

勘探方法有钻探、井探、槽探和物探等，并可配合原位测试和采取原状土试样、水试样进行室内土水试验分析。勘探完后，还要对勘探井孔进行回填，以免影响场地地基的稳定性。

岩土测试是为地基基础设计提供岩土技术参数，其方法分为室内岩土试验和原位测试，测试项目通常按岩土特性和工程性质确定，室内试验除要求做岩土物理力学性试验外，有时还要模拟深基坑开挖的回弹再压缩试验、斜坡稳定性的抗剪强度试验、振动基础的动力特性试验及岩土体的岩石抗压强度和抗拉强度等试验。目前在现场直接测试岩土力学参数的方法也很多，有载荷、标准贯入、静力触探、动力触探、十字板剪切、旁压、现场剪切、波速、岩体原位应力、块体基础振动等测试，通称为原位测试。原位测试可以直观地提供地基承载力和变形参数，也可以为岩土工程进行监测或为工程监测与控制提供参数依据。

（五）整理勘察资料和编写报告书

岩土工程勘察成果整理是勘察工作的最后程序。勘察成果是勘察全过程的总结并以报告书形式提出。编写报告书是以调查、勘探、测试等许多原始资料为基础的，报告书要做出正确的结论，必须对这些原始资料进行认真检查、分析研究、归纳整理、去伪存真，使资料得以提炼。编写内容要有重点，要阐明勘察项目来源、目的与要求；拟建工程概述；勘察方法和勘察工作布置；场地岩土工程条件的阐述与评价等；对场地地基的稳定性和适宜性进行综合分析论证，为岩土工程设计提供场地地层结构和地下水空间分布的几何参数，岩土体工程性状的设计参数的分析与选用，提出地基基础设计方案的建议；预测拟建工程对现有工程的影响，工程建设产生的环境变化及环境变化对工程产生的影响，为岩土体的整治、改造和利用选择最佳方案，为岩土施工和工程运营期间可能发生的岩土工程问题进行预测和监控，为相应的防治措施和合理的施工方法提出建议。

报告书中还应附有相应的岩土工程图件，常见的有勘探点平面布置图，工程地质柱状图，工程地质剖面图，原位测试图表，室内试验成果图表，岩土利用、整治、改造的设计方案和计算的有关图表及有关地质现象的素描和照片等。

除综合性岩土工程勘察报告外，也可根据任务要求提交单项报告，如岩土工程测试报告，岩土工程检验或监测报告，岩土工程事故调查与分析报告，岩土利用、整治或改造方案报告，专门岩土工程问题的技术咨询报告等。

对三级岩土工程的勘察报告书内容可以适当简化，即以图为主，辅以必要的文字说明；对一级岩土工程中的专门性岩土工程问题，还可提交专门或单项的研究报告和监测报告。

(六)报告的审查、施工验槽等

完成的勘察报告，除应经过单位严格细致的检查、审核之外，还应经由施工图审查机构审查合格后方可交付使用，作为设计的依据。

项目正式开工后，勘察单位和项目负责人应及时跟踪，对基槽、基础设计与施工等关键环节进行验收，检查基槽岩土条件是否与勘探报告一致，设计使用的地基持力层和承载力与勘探报告是否一致，是否满足设计要求，是否能确保建筑物的安全等。

第二节　工程地质测绘和调查

一、工程地质测绘与调查概述

工程地质测绘与调查是勘测工作的手段之一，是最基本的勘察方法和基础性工作。通过测绘和调查，将查明的工程地质条件及其他有关内容如实地反映在一定比例尺的地形图上，对进一步的勘测工作有一定的指导意义。

“测绘”是指按有关规范规程的规定要求所进行的地质填图工作。“调查”是指达不到有关规范规程规定的要求所进行的地质填图工作，如降低比例尺精度，适当减少测绘程序，缩小测绘面积或针对某一特殊工程地质问题等。对复杂的建筑场地应进行工程地质测绘，对中等复杂的建筑场地可进行工程地质测绘或调查，对简单或已有地质资料的建筑场地可进行工程地质调查。

工程地质测绘与调查宜在可行性研究或初步设计勘测阶段进行；在施工图设计勘测阶段，视需要，在初步设计勘测阶段测绘与调查的基础上，对某些专门地质问题（如滑坡、断裂带的分布位置及影响等）进行必要的补充测绘。但是，不是每项工程的可行性研究或初步设计勘测阶段都要进行工程地质测绘与调查，应视工程需要而定。

工程地质测绘与调查的基本任务是：查明与研究建筑场地及其相邻有关地段的地形、地貌、地层岩性、地质构造，不良地质现象、地表水与地下水情况、当地的建筑经验及人类活动对地质环境造成的影响，结合区域地质资料，分析场地的工程地质条件和存在的主要地质问题，为合理确定与布置勘探和测试工作提供依据。高精度的工程地质测绘，不但可以直接用于工程设计，而且为其他类型的勘察工作奠定了基础，可有效地查明建筑区或场地的工程地质条件，并且大大缩短工期，节约投资，提高勘察工作的效率。

工程地质测绘可分为两种：一种是以全面查明工程地质条件为主要目的的综合性测绘，另一种是对某一工程地质要素进行调查的专门性测绘。无论哪种，都服务于建筑物的规划、设计和施工，使用时都有特定的目的。

工程地质测绘的研究内容和深度应根据场地的工程地质条件确定，必须目的明确、重点突出、准确可靠。

二、工程地质测绘的内容

工程地质测绘的研究内容主要是工程地质条件，其次是对已有建筑区和采掘区的调查。某一地质环境内建筑经验和建筑兴建后出现的所有工程地质现象，都是极其宝贵的资料，应予以收集和调查。工程地质测绘是在测绘区实地进行的地面地质调查工作，工程地质条件中各有关研究内容，凡能通过野外地质调查解决的，都属于工程地质测绘的研究范围。被掩埋于地下的某些地质现象也可通过测绘或配合适当勘察工作加以了解。

工程地质测绘的方法和研究内容与一般地质测绘方法相类似，但不等同于它们，主要因为工程地质测绘是为工程建筑服务的。不同勘察阶段、不同建筑对象，其研究内容的侧重点、详细程度和定量化程度等是不同的。实际工作中，应根据勘察阶段的要求和测绘比例尺大小，分别对工程地质条件的各个要素进行调查研究。

工程地质测绘和调查，应包括下列内容：

1. 查明地形、地貌特征，地貌单元形成过程及其与地层、构造、不良地质现象的关系，划分地貌单元。

2. 岩土的性质、成因、年代、厚度和分布。对岩层应查明风化程度，对土层应区分新近堆积土、特殊性土的分布及其工程地质条件。

3. 查明岩层的产状及构造类型、软弱结构面的产状及其性质，包括断层的位置、类型、产状、断距、破碎带的宽度及充填胶结情况，岩、土层接触面及软弱夹层的特性等，第四纪构造活动的形迹、特点及与地震活动的关系。

4. 查明地下水的类型，补给来源，排泄条件，井、泉的位置，含水层的岩性特征，埋藏深度，水位变化，污染情况及其与地表水体的关系等。

5. 收集气象、水文、植被、土的最大冻结深度等资料，调查最高洪水位及其发生时间、淹没范围。

6. 查明岩溶、土洞、滑坡、泥石流、刷塌、冲沟、断裂、地震震害和岸边冲刷等不良地质现象的形成、分布、形态、规模、发育程度及其对工程建设的影响。

7. 调查人类工程活动对场地稳定性的影响，包括人工洞穴、地下采空、大挖大填、抽水排水及水库诱发地震等。

8. 建筑物的变形和建筑经验。

三、工程地质测绘范围、比例尺和精度

(一)工程地质测绘范围

在规划建筑区进行工程地质测绘，选择的范围过大会增大工作量，范围过小不能有效查明工程地质条件，满足不了建筑物的要求。因此，需要合理选择测绘范围。

工程地质测绘与调查的范围应包括：

1. 拟建场址的所有建（构）筑物场地。建筑物规划和设计的开始阶段，涉及较大范围、多个场地的方案比较，测绘范围应包括与这些方案有关的所有地区。当工程进入后期设计阶段时，只对某个具体场地或建筑位置进行测量调查，其测绘范围只需局限于某建筑区的小范围内。可见，工程地质测绘范围随勘察阶段的进展而越来越小。

2. 影响工程建设的不良地质现象分布范围及其生成发育地段。

3. 因工程建设引起的工程地质现象可能影响的范围。建筑物的类型、规模不同，对地质环境的作用方式、强度、影响范围也就不同。工程地质测绘应视具体建筑类型选择合理的测绘范围。例如，大型水库，水库水向大范围地质体渗入，必然引起较大范围的地质环境变化；一般民用建筑，主要由于建筑物荷重引起小范围内的地质环境发生变化。所以

前者的测绘范围至少要包括地下水影响到的地区，而后者的测绘范围不需要很大。

4. 对查明测绘区工程地质条件有重要意义的场地邻近地段。

5. 工程地质条件特别复杂时，应适当扩大范围。工程地质条件复杂而地质资料不充足的地区，测绘范围应比一般情况下适当扩大，以能充分查明工程地质条件、解决工程地质问题为原则。

（二）工程地质测绘比例尺

工程地质测绘比例尺主要取决于勘察阶段、建筑类型、规模和工程地质条件的复杂程度。建筑场地测绘的比例尺，可行性研究勘察可选用1∶5000~1∶50 000；初步勘察可选用1∶2000~1∶10 000；详细勘察可选用1∶500~1∶2000；同一勘察阶段，当其地质条件比较复杂，工程建筑物又很重要时，比例尺可适当放大。

对工程有重要影响的地质单元体（滑坡、断层、软弱夹层、洞穴、泉等），可采用扩大比例尺表示。

（三）工程地质测绘精度

所谓测绘精度，是指野外地质现象观察、描述及表示在图上的精确程度和详细程度。野外地质现象能否客观地反映在工程地质图上，除了调查人员的技术素养外，还取决于工作细致程度。为此，对野外测绘点数量及工程地质图上表达的详细程度做出原则性规定：地质界线和地质观测点的测绘精度，在图上不应低于3mm。

野外观察描述工作中，不论何种比例尺，都要求整个图幅上2~3cm范围内应有观测点。例如，比例尺1∶50 000的测绘，野外实际观察点0.5~1个/km^2。实际工作中，视条件的复杂程度和观察点的实际地质意义，观察点间距可适当加密或加大，不必平均布点。

在工程地质图上，工程地质条件各要素的最小单元划分应与测绘的比例尺相适应。一般来讲，在图上最小投影宽度大于2mm的地质单元体，均应按比例尺表示在图上。例如，比例尺1∶2000的测绘，实际单元体（如断层带）尺寸大于4m者均应表示在图上。重要的地质单元体或地质现象可适当夸大比例尺即用超比例尺表示。

为了使地质现象精确地表示在图上，要求任何比例尺图上界线误差不得超过3mm。为了达到精度要求，通常要求在测绘填图中，采用比提交成图比例尺大一级的地形图作为填图的底图，如进行1∶10 000比例尺测绘时，常采用1∶5000的地形图作为外业填图底图。外业填图完成后再缩成1∶10 000的成图，以提高测绘的精度。

四、工程地质测绘方法要点

工程地质测绘方法与一般地质测绘方法基本一样，在测绘区合理布置若干条观测路线，沿线布置一些观察点，对有关地质现象观察描述。观察路线布置应以最短路线观察最多的地质现象为原则。野外工作中，要注意点与点、线与线之间地质现象的互相联系，最终形成对整个测绘区空间上总体概念的认识。同时，还要注意把工程地质条件和拟建工程的作用特点联系起来分析研究，以便初步判断可能存在的工程地质问题。

地质观测点的布置、密度和定位应满足下列要求：

1. 在地质构造线、地层接触线、岩性分界线、标准层位和每个地质单元体上应有地质观测点。

2. 地质观测点的密度应根据场地的地貌、地质条件、成图比例尺及工程特点等确定，并应具代表性。

3. 地质观测点应充分利用天然和人工露头，如采石场、路堑、井、泉等；当露头少时，应根据具体情况布置一定数量的勘探工作。条件适宜时，还可配合进行物探工作，探测地层、岩性、构造、不良地质作用等问题。

4. 地质观测点的定位标测，对成图的质量影响很大，应根据精度要求和地质条件的复杂程度选用目测法、半仪器法、仪器法及卫星定位系统。地质构造线、地层接触线、岩性分界线、软弱夹层、地下水露头、有重要影响的不良地质现象等特殊地质观测点，宜用仪器法定位。

目测法——用于小比例尺的工程地质测绘，该法系根据地形、地物以目估或步测距离标测。

半仪器法——用于中等比例尺的工程地质测绘，它是借助罗盘仪、气压计等简单的仪器测定方位和高度，使用步测或测绳量测距离。

仪器法——适用于大比例尺的工程地质测绘，即借助经纬仪、水准仪、全站仪等较精密的仪器测定地质观测点的位置和高程。对于有特殊意义的地质观测点，如地质构造线、不同时代地层接触线、不同岩性分界线、软弱夹层、地下水露头及有不良地质作用等，均宜采用仪器法。

卫星定位系统（GPS）——满足精度条件下均可应用。

为了保证测绘工作更好地进行，工作开始前应做好充分准备，如文献资料查阅分析工作、现场踏勘和工作部署、标准地质剖面绘制和工程地质填图单元划分等。测绘过程中，要切实做好地质现象记录、资料及时整理分析等工作。

进行大面积中小比例尺测绘或者在工作条件不便等情况下进行工程地质测绘时，可以借助航片、卫片解译一些地质现象，对于提高测绘精度和工作进度，将会收到良好效果。航片、卫片以其不同的色调、图像形状、阴影、纹形等，反映了不同地质现象的基本特征。对研究地区的航片、卫片进行细致的解译，便可得到许多地质信息。我国利用航片、卫片配合工程地质测绘或解决一些专门问题上已取得了不少经验。例如，低阳光角航片能迅速有效地查明活断层，红外扫描图片能较好地分析水文地质条件，小比例尺卫片便于进行地貌特征的研究；大比例尺航片对研究滑坡、泥石流、岩溶等物理地质现象非常有效。在进行区域工程地质条件分析，评价区域稳定性，进行区域物理地质现象和水文地质条件调查分析，进行区域规划和选址、地质环境评价和监测等方面，航片、卫片的应用前景是非常广阔的。

收集航片与卫片的数量，同一地区应有2~3套，一套制作镶嵌略图，一套用于野外调绘，一套用于室内清绘。

初步解译阶段，对航片与卫片进行系统的立体观测，对地貌及第四纪地质进行解译，划分松散沉积物与基岩界线，进行初步构造解译等。第二阶段是野外踏勘与验证。携带图像到野外，核实各典型地质体在照片上的位置，并选择一些地段进行重点研究，以及在一定间距穿越一些路线，做一些实测地质剖面和采集必要的岩性地层标本。利用遥感影像资料解译进行工程地质测绘时，现场检验地质观测点数宜为工程地质测绘点数的30%~50%。野外工作应包括下列内容：检查解译标志，检查解译结果，检查外推结果，对室内解译难以获得的资料进行野外补充。最后阶段成图，将解译取得的资料、野外验证取得的资料及其他方法取得的资料，集中转绘到地形底图上，然后进行图面结构的分析。如有不合理现象，要进行修正，重新解译。必要时，到野外复验，至整个图面结构合理为止。

五、工程地质测绘与调查的成果资料

工程地质测绘与调查的成果资料应包括工程地质测绘实际材料图、综合工程地质图或工程地质分区图、综合地质柱状图、工程地质剖面图及各种素描图、照片和文字说明。

如果是为解决某一专门的岩土工程问题，也可编绘专门的图件。

在成果资料整理中应重视素描图和照片的分析整理工作。这不仅有助于岩土工程成果资料的整理，而且在基坑、竖井等回填后，一旦由于科研上或法律诉讼上的需要，就比较容易恢复和重现一些重要的背景资料。

第三节　工程地质勘探和取样

一、工程地质勘探

通过工程地质测绘对地面基本地质情况有了初步了解以后，当需要进一步探明地下隐伏的地质现象，了解地质现象的空间变化规律，查明岩土的性质和分布，采取岩土试样或进行原位测试时，可采用钻探、井探、槽探、洞探和地球物理勘探等常用的工程地质勘探手段。勘探方法的选取应符合勘察目的和岩土的特性。

工程地质勘探的主要任务是：

1. 探明地下有关的地质情况，揭露并划分地层、量测界线，采取岩土样，鉴定和描述岩土特性、成分和产状。

2. 了解地质构造，不良地质现象的分布、界限、形态等，如断裂构造、滑动面位置等。

3. 为深部取样及现场试验提供条件。自钻孔中选取岩土试样，供实验室分析，以确定岩土的物理力学性质；同时，勘探形成的坑孔可为现场原位试验提供场所，如十字板剪力试验、标准贯入试验、土层剪切波速测试、地应力测试、水文地质试验等。

4. 揭露并测量地下水埋藏深度，采取水样供实验室分析，了解其物理化学性质及地下水类型。

5. 利用勘探坑孔可以进行某些项目的长期观测及对不良地质现象进行处理等工作。

静力触探、动力触探作为勘探手段时，应与钻探等其他勘探方法配合使用。钻探和触探各有优缺点，有互补性，二者配合使用能取得良好的效果。触探的力学分层直观而连续，但单纯的触探由于其多解性容易造成误判。如以触探为主要勘探手段，除有经验的地区外，一般均应有一定数量的钻孔配合。

布置勘探工作时应考虑勘探对工程自然环境的影响，防止对地下管线、地下工程和自然环境的破坏。钻孔、探井和探槽完工后应妥善回填，否则可能对自然环境造成破坏。这种破坏往往在短期内或局部范围内不易被察觉，但能引起严重后果。因此，一般情况下钻孔、探井和探槽均应回填，且应分段回填夯实。

进行钻探、井探、槽探和洞探时，应采取有效措施，确保施工安全。

二、工程地质钻探

钻探广泛应用于工程地质勘察，是岩土工程勘察的基本手段。通过钻探提取岩芯和采集岩土样以鉴别和划分地层，测定岩土层的物理力学性质，需要时还可直接在钻孔内进行原位测试。其成果是进行工程地质评价和岩土工程设计、施工的基础资料，钻探质量的高低对整个勘察的质量起决定性的作用。除地形条件对机具安置有影响外，几乎任何条件下均可使用钻探方法。由于钻探工作耗费人力、物力和财力较多，因此，要在工程地质测绘及物探等工作基础上合理布置钻探工作。

钻探工作中，岩土工程勘察技术人员主要做三方面工作：一是编制作为钻探依据的设计书，二是在钻探过程中进行岩芯观测、编录，三是钻探结束后进行资料内业整理。

(一)钻孔设计书编制

钻探工作开始之前，岩土工程勘察技术人员除编制整个项目的岩土工程勘察纲要外，还应逐个编制钻孔设计书。在设计书中，应向钻探技术人员阐明如下内容：

1. 钻孔的位置，钻孔附近的地形、地质概况。

2. 钻孔的目的及钻孔中应注意的问题。

3. 钻孔类型、孔深、孔身结构、钻进方法、开孔和终孔直径、换径深度、钻进速度及固壁方式等。

4. 应根据已掌握的资料，绘制钻孔设计柱状剖面图，说明将要遇到的地层岩性、地质构造及水文地质情况，以便钻探人员掌握一些重要层位的位置，加强钻探管理，并据此确定钻孔类型、孔深及孔身结构。

5. 提出工程地质要求，包括岩芯采取率、取样、孔内试验、观测、止水及编录等各方面的要求。

6. 说明钻探结束后对钻孔的处理意见，钻孔留做长期观测或封孔。

(二)钻探方法的选择

工程地质勘察中使用的钻探方法较多。一般情况下，采用机械回转式钻进，常规口径为：开孔 168mm，终孔 91mm。但不是所有的方法都能满足岩土工程勘察的特定要求。

例如，冲洗钻探能以较高的速度和较低的成本达到某一深度，能了解松软覆盖层下的硬层（如基岩、卵石）的埋藏深度，但不能准确鉴别所通过的地层。因此一定要根据勘察的目的和地层的性质来选择适当的钻探方法，既要满足质量标准，又要避免不必要的浪费。

钻探方法选择应注意以下要求：

1. 地层特点及钻探方法的有效性。

2. 能保证以一定的精度鉴别地层，包括鉴别钻进地层的岩土性质，确定其埋藏深度与厚度，能查明钻进深度范围内地下水的赋存情况。

3. 尽量避免或减轻对取样段的扰动影响，能采取符合质量要求的试样或进行原位测试。

在踏勘调查、基坑检验等工作中可采用小口径螺旋钻、小口径勺钻、洛阳铲等简易钻探工具进行浅层土的勘探。

实际工作中的偏向是着重注意钻进的有效性，而不太重视如何满足勘察技术要求。为了避免这种偏向，达到一定的目的，制定勘察工作纲要时，不仅要规定孔位、孔深，还要规定钻探方法。钻探单位应按任务书指定的方法钻进，提交成果中也应包括钻进方法的说明。

钻探方法和工艺多年来一直在不断发展。例如，用于覆盖层的金刚石钻进、全孔钻进及循环钻进，定向取芯、套钻取芯工艺，用于特殊情况的倒锤孔钻进、软弱夹层钻进等，这些特殊钻探方法和工艺在某些情况下有其特殊的使用价值。

一般条件下，工程地质钻探采用垂直钻进方式。某些情况下，如被调查的地层倾角较大，可选用斜孔或水平孔钻进。

(三)钻探技术要求

1. 钻探点位测设于实地应符合下列要求：

初步勘察阶段：平面位置允许偏差±0.5m，高程允许偏差±5cm。

详细勘察阶段：平面位置允许偏差±0.25m，高程允许偏差±5cm。

城市规划勘察阶段、选址勘察阶段：可利用适当比例尺的地形图依地形地物特征确定钻探点位和孔口高程。

钻进深度、岩土分层深度的量测误差范围不应低于±5cm。

因障碍改变钻探点位时，应将实际钻探位置及时标明在平面图上，注明与原桩位的偏差距离、方位和地面高差，必要时应重新测定点位。

2. 采取原状土样的钻孔，口径不得小于91mm；仅须鉴别地层的钻孔，口径不宜小于36mm；在湿陷性黄土中，钻孔口径不宜小于150mm。

3. 应严格控制非连续取芯钻进的回次进尺，使分层精度符合要求。

螺旋钻探回次进尺不宜超过1.0m，在主要持力层中或重点研究部位，回次进尺不宜超过0.5 m，并应满足鉴别厚度小于20cm的薄层的要求。对岩芯钻探，回次进尺不得超过岩芯管的长度，在软质岩层中不得超过2.0m。

在水下粉土、砂土层中钻进，当土样不易带上地面时，可用对分式取样器或标准贯入器间断取样，其间距不得大于1.0m。取样段之间则用无岩芯钻进方式通过，亦可采用无泵反循环方式用单层岩芯管回转钻进并连续取芯。

4. 为了尽量减少对地层的扰动，保证鉴别的可靠性和取样质量，对要求鉴别地层和取样的钻孔，均应采用回转方式钻进，取得岩土样品。遇到卵石、漂石、碎石、块石等类地层不适用于回转钻进时，可改用振动回转方式钻进。

对鉴别地层天然湿度的钻孔，在地下水位以上应进行干钻。当必须加水或使用循环液时，应采用能隔离冲洗液的二重或三重管钻进取样。在湿陷性黄土中应采用螺旋钻头钻进，亦可采用薄壁钻头锤击钻进。操作应符合“分段钻进、逐次缩减、坚持清孔”的原则。

对可能坍塌的地层应采取钻孔护壁措施。在浅部填土及其他松散土层中可采用套管护壁。在地下水位以下的饱和软黏性土层、粉土层和砂层中宜采用泥浆护壁。在破碎岩层中可视需要采用优质泥浆、水泥浆或化学浆液护壁。冲洗液漏失严重时，应采取充填、封闭等堵漏措施。钻进中应保持孔内水头压力等于或稍大于孔周的地下水压，提钻时应能通过钻头向孔底通气通水，防止孔底土层由于负压、管涌而受到扰动破坏。如采用螺纹钻头钻进，则引起管涌的可能性较大，故必须采用带底阀的空心螺纹钻头，以防止提钻时产生负压。

5. 岩芯钻探的岩芯采样率应逐次计算，对完整和较完整岩体不应低于80%，对较破碎和破碎岩体不应低于65%。对须重点查明的部位（滑动带、软弱夹层等）应采用双层岩芯管连续取芯。当需要确定岩石质量指标RQD时，应采用75mm口径（N型）双层岩芯管和金刚石钻头。

6. 钻进过程中各项深度数据均应测量获取，累计量测允许误差为±5cm。深度超过100m的钻孔及有特殊要求的钻孔包括定向钻进、跨孔法测量波速，应测斜、防斜，保持钻孔的垂直度或预计的倾斜度与倾斜方向。对垂直孔，每50m测量一次垂直度，每深100m允许偏差为±2°。对斜孔，每25m测量一次倾斜角和方位角，允许偏差应根据勘探设计要求确定。钻孔斜度及方位偏差超过规定时，应及时采取纠斜措施。倾角及方位的量测精度应分别为±0.1°、±3.0°。

（四）地下水观测

对钻孔中的地下水位及动态，含水层的水位标高、厚度、地下水水温、水质、钻进中冲洗液的消耗量等，要做好观测记录。

钻进中遇到地下水时，应停钻量测初见水位。为测得单个含水层的静止水位，对砂类的土停钻时间不少于30min，对粉土不少于1h，对黏性土层不少于24h，并应在全部钻孔结束后，同一天内量测各孔的静止水位。水位量测可使用测水钟或电测水位计。水位允许误差为±1.0cm。

钻孔深度范围内有两个以上含水层，且钻探任务书要求分层量测水位时，在钻穿第一含水层并进行静止水位观测之后，应采用套管隔水，抽干孔内存水，变径钻进，再对下一含水层进行水位观测。

因采用泥浆护壁影响地下水位观测时，可在场地范围内另外布置若干专用的地下水位观测孔，这些钻孔可改用套管护壁。

（五）钻探编录与成果

野外记录应由经过专业训练的人员承担。钻探记录应在钻探进行过程中同时完成，严禁事后追记，记录内容应包括岩土描述及钻进过程两个部分。

钻探现场记录表的各栏均应按钻进回次逐项填写。在每个回次中发现变层时，应分行填写，不得将若干回次或若干层合并一行记录。现场记录不得转抄，误写之处可以划去，在旁边做更正，不得在原处涂抹修改。

1. **岩土描述**

钻探现场描述可采用肉眼鉴别、手触方法，有条件或勘察工作有明确要求时，可采用微型贯入仪等标准化、定量化的方法。

各类岩土描述应包括的内容如下。

①砂土：应描述名称、颜色、湿度、密度、粒径、浑圆度、胶结物、包含物等。

②黏性土、粉土：应描述名称、颜色、湿度、密度、状态、结构、包含物等。

③岩石：应描述颜色、主要矿物、结构、构造和风化程度。对沉积岩还应描述颗粒大小、形状、胶结物成分和胶结程度；对岩浆岩和变质岩还应描述矿物结晶大小和结晶程度；对岩体的描述还应包括结构面、结构体特征和岩层厚度。

2. **钻进过程的记录内容**

关于钻进过程的记录内容应符合下列要求：

①使用的钻进方法、钻具名称、规格、护壁方式等。

②钻进的难易程度、进尺速度、操作手感、钻进参数的变化情况。

③孔内情况，应注意缩径、回淤、地下水位或冲洗液位及其变化等。

④取样及原位测试的编号、深度位置、取样工具名称规格、原位测试类型及其结果。

⑤岩芯采取率、RQD 值等。

应对岩芯进行细致的观察、鉴定，确定岩土体名称，进行岩土有关物理性状的描述。钻取的芯样应由上而下按回次顺序放进岩芯箱并按次序将岩芯排列编号，芯样侧面上应清晰标明回次数、块号，本回次总块数。

以上三项指标均是反映岩石质量好坏的依据，其数值越大，反映岩石性质越好。但是，性质并不好的破碎软弱岩体，有时也可以取得较多的细小岩芯，倘若按岩芯采取率与岩芯获得率统计，也可以得到较高的数值，按此标准评价其质量，显然不合理，因而，在实际中广泛使用 RQD 指标进行岩芯统计，评价岩石质量好坏。

⑥其余异常情况。

3. 钻探成果

资料整理主要包括：

①编制钻孔柱状图。

②填写操作及水文地质日志。

③岩土芯样可根据工程要求保存一定期限或长期保存，亦可进行岩芯素描或拍摄岩芯、土芯彩照。

这三份资料实质上是前述工作图表化的直观反映，它们是最终的钻探成果，一定要认真整理、编制，以备存档查用。

三、工程地质坑探（井探、槽探和洞探）

当钻探方法难以准确查明地下情况时，可采用探井、探槽进行勘探。在坝址、地下工程、大型边坡等勘察中，当须详细查明深部岩层性质、构造特征时，可采用竖井或平硐。

（一）坑探工程类型

坑探是由地表向深部挖掘坑槽或坑洞，以便地质人员直接深入地下了解有关地质现象或进行试验等使用的地下勘探工作。勘探中常用的勘探工程包括探槽、试坑、浅井（或斜井）、平硐、石门（平巷）等类型。

（二）坑探工程施工要求

探井的深度、竖井和平硐的深度、长度、断面按工程要求确定。

探井断面可用圆形或矩形。圆形探井直径可取 0.8～1.0m，矩形探井可取 0.8m×1.2m。根据土质情况，需要适当放坡或分级开挖时，井口可大于上述尺寸。

探井、探槽深度不宜超过地下水位且不宜超过 20m。掘进深度超过 10m，必要时应向井槽底部通风。

土层易坍塌，又不允许放坡或分级开挖时，对井、槽壁应设支撑保护。根据土质条件可采用全面支护或间隔支护。全面支护时，应每隔 0.5m 及在需要着重观察部位留下检查间隙。

探井、探槽开挖过程中的土石方必须堆放在离井、槽口边缘至少 1.0m 以外的地方。

雨季施工应在井、槽口设防雨棚，开挖排水沟，防止地面水及雨水流入井、槽内。

遇大块孤石或基岩，用一般方法不能掘进时，可采用控制爆破方式掘进。

四、岩土试样的采取

取样的目的是通过对样品的鉴定或试验，试验岩、土体的性质，获取有关岩、土体的设计计算参数。岩、土体特别是土体通常是非均质的，而取样的数量总是有限，因此必须力求以有限的取样数量反映整个岩、土体的真实性状。这就要求采用良好的取样技术，包括取样的工具和操作方法，使所取试样能尽可能地保持岩、土体的原位特征。

（一）土试样的质量分级

严格地说，任何试样，一旦从母体分离出来成为样品，其原位特征就或多或少会发生改变，围压的变化更是不可避免的。试样从地下到达地面之后，原位承受的围压降低至大气压力。

土试样可能因此产生体积膨胀，孔隙水压的重新分布，水分的转移，岩石试样则可能出现裂隙张开甚至发生爆裂。软质岩石与土试样很容易在取样过程中受到结构的扰动破坏，取出地面之后，密度、湿度改变并产生一系列物理、化学变化。由于这些原因，绝对地代表原位性状的试样是不可能获得的。固结、渗透及其他物理性质指标的土样的定义为“不扰动土样”。从工程实用角度而言，用于不同试验项目的试样有不同的取样要求，不必一律强求。例如，要求测定岩土的物理、化学成分时，必须注意防止有同层次岩土的混淆；要了解岩土的密度和湿度时，必须尽量减轻试样的体积压缩或松胀、水分的损失或渗入；要了解岩土的力学性质时，除上述要求外，还必须力求避免试样的结构扰动破坏。

土试样扰动程度的鉴定有多种方法，大致可分为以下几类：

1. 现场外观检查

观察土样是否完整，有无缺陷，取样管或衬管是否挤扁、弯曲、卷折等。

2. 测定回收率

按照 Hvorslev（赫沃斯利夫）的定义，回收率为 L/H，其中，H 为取样时取土器贯入孔底以下土层的深度；L 为土样长度，可取土试样毛长，而不必是净长，即可从土试样顶端算至取土器刃口，下部如有脱落可不扣除。

回收率在 0.98 左右是最理想的，大于 1.0 或小于 0.95 是土样受扰动的标志；取样回收率可在现场测定，但使用敞口式取土器时，测定有一定的困难。

3. X 射线检验

可发现裂纹、空洞、粗粒包裹体等。

一般而言，事后检验把关并不是保证土试样质量的积极措施。对土试样做质量分级的指导思想是强调事先的质量控制，即对采取某一级别土试样所必须使用的设备和操作条件做出严格的规定。

(二) 土试样采取的工具和方法

土试样采取有两种途径：一是操作人员直接从探井、探槽中采取，二是在钻孔中通过取土器或其他钻具采取。从探井、探槽中采取的块状或盒状土样被认为是质量最高的。对土试样质量的鉴定，往往以块状或盒状土样作为衡量比较的标准。但是，探井、探槽开挖成本高、时间长并受到地下水等多种条件的制约，因此块状、盒状土样不是经常能得到的。实际工程中，绝大部分土试样是在钻孔中利用取土器具采取的。个别孔取样需要根据岩土的性质、环境条件，采用不同类型的钻孔取土器。

(三) 钻孔取样的技术要求

钻孔取样的效果不单纯取决于采用什么样的取土器，还取决于取样全过程的操作技术。在钻孔中采取Ⅰ、Ⅱ级砂样时，应满足下列要求：

1. 钻孔施工的一般要求

①采取原状土样的钻孔，孔径应比使用的取土器外径大一个径级。

②在地下水位以上，应采用干法钻进，不得注水或使用冲洗液。土质较硬时，可采用

二（三）重管回转取土器，钻进、取样合并进行。

③在饱和软黏性土、粉土、砂土中钻进，宜采用泥浆护壁；采用套管时应先钻进后跟进套管，套管的下设深度与取样位置之间应保留三倍管径以上的距离；不得向未钻过的土层中强行击入套管；为避免孔底土隆起受扰，应始终保持套管内的水头高度等于或稍高于地下水位。

④钻进宜采用回转方式；在地下水位以下钻进应采用通气通水的螺旋钻头、提土器或岩芯钻头，在鉴别地层方面无严格要求时，也可以采用侧喷式冲洗钻头成孔，但不得使用底喷式冲洗钻头；在采取原状土试样的钻孔中，不宜采用振动或冲击方式钻进，采用冲洗、冲击、振动等方式钻进时，应在预计取样位置 1m 以上改用回转钻进。

⑤下放取土器前应仔细清孔，清除扰动土，孔底残留浮土厚度不应大于取土器废土段长度（活塞取土器除外）且不得超过 5cm。

⑥钻机安装必须牢固，保持钻进平稳，防止钻具回转时抖动，升降钻具时应避免对孔壁的扰动破坏。

2. 贯入式取土器取样操作要求

①取土器应平稳下放，不得冲击孔底。取土器下放后，应核对孔深与钻具长度，发现残留浮土厚度超过规定时，应提起取土器重新清孔。

②采取Ⅰ级原状土试样，应采用快速、连续的静压方式贯入取土器，贯入速度不小于 0.1m/s，利用钻机的给进系统施压时，应保证具有连续贯入的足够行程；采取Ⅱ级原状土试样可使用间断静压方式或重锤少击方式。

③在压入固定活塞取土器时，应将活塞杆牢固地与钻架连接起来，避免活塞向下移动；在贯入过程中监视活塞杆的位移变化时，可在活塞杆上设定相对于地面固定点的标志测记其高差；活塞杆位移量不得超过总贯入深度的 1%。

④贯入取样管的深度宜控制在总长的 90%左右；贯入深度应在贯入结束后仔细量测并记录。

⑤提升取土器之前，为切断土样与孔底土的联系，可以回转 2～3 圈或者稍加静置之后再提升。

⑥提升取土器应做到均匀平稳，避免磕碰。

3. 回转式取土器取样操作要求

①采用单动、双动二（三）重管采取原状土试样，必须保证平稳回转钻进使用的钻杆应事先校直；为避免钻具抖动，造成土层的扰动，可在取土器上加接重杆。

②冲洗液宜采用泥浆，钻进参数宜根据各场地地层特点通过试钻确定或根据已有经验确定。

③取样开始时应将泵压、泵量减至能维持钻进的最低限度，然后随着进尺的增加，逐渐增加至正常值。

④回转取土器应具有可改变内管超前长度的替换管靴；内管管口至少应与外管齐平，随着土质变软，可使内管超前增加至50~150mm；对软硬交替的土层，宜采用具有自动调节功能的改进型单动二（三）重管取土器。

⑤在硬塑以上的硬质黏性土、密实砾砂、碎石土和软岩中，可使用双动三重管取样器采取原状土试样；对于非胶结的砂、卵石层，取样时可在底靴上加置逆爪。

⑥采用无泵反循环钻进工艺，可以用普通单层岩芯管采取砂样；在有充足经验的地区和可靠操作的保证下，可作为Ⅱ级原状土试样。

4. 土样的现场检验、封装、贮存、运输

（1）土试样的卸取

取土器提出地面之后，小心地将土样连同容器（衬管）卸下，并应符合下列要求：

①以螺钉连接的薄壁管，卸下螺钉即可取下取样管。

②对丝扣连接的取样管、回转型取土器，应采用链钳、自由钳或专用扳手卸开，不得使用管钳之类易于使土样受挤压或使取样管受损的工具。

③采用外管非半合管的带衬管取土器时，应使用推土器将衬管与土样从外管推出，并应事先将推土端土样削至略低于衬管边缘，防止推土时土样受压。

④对各种活塞取土器，卸下取样管之前应打开活塞气孔，消除真空。

（2）土样的现场检验

对钻孔中采取的Ⅰ级原状土试样，应在现场测量取样回收率。取样回收率大于1.0或小于0.95时，应检查尺寸量测是否有误，土样是否受压，根据情况决定土样废弃或降低级别使用。

（3）封装、标识、贮存和运输

Ⅰ、Ⅱ、Ⅲ级土试样应妥善密封，防止湿度变化，土试样密封后应置于温度及湿度变化小的环境中，严防暴晒或冰冻。土样采取之后至开土试验之间的贮存时间，不宜超过两周。

土样密封可选用下列方法：

①将上下两端各去掉约20mm，加上一块与土样截面面积相当的不透水圆片，再浇灌蜡液，至与容器齐平，待蜡液凝固后扣上胶或塑料保护帽。

②用配合适当的盒盖将两端盖严后将所有接缝用纱布条蜡封或用粘胶带封口。每个土样封蜡后均应填贴标签，标签上下应与土样上下一致，并牢固地粘贴于容器外壁。土样标签应记载下列内容：工程名称或编号；孔号；土样编号；取样深度；土类名称；取样日期；取样人姓名等。土样标签记载应与现场钻探记录相符。取样的取土器型号、贯入方法，锤击时击数、回收率等应在现场记录中详细记载。

运输土样，应采用专用土样箱包装，土样之间用柔软缓冲材料填实。一箱土样总重不宜超过 40kg，在运输中应避免振动。对易于振动液化和水分离析的土试样，不宜长途运输，宜在现场就近进行试验。

5. **岩石试样**

岩石试样可利用钻探岩芯制作或在探井、探槽、竖井和平洞中刻取。采取的毛样尺寸应满足试块加工的要求。在特殊情况下，试样形状、尺寸和方向由岩体力学试验设计确定。

第四节　原位测试与室内实验

一、原位测试

原位测试是指在场地岩土原来所处的位置上或基本上在原位状态和应力条件下对岩土性质进行的测试。常用的原位测试方法有：载荷试验、静力触探试验、圆锥动力触探试验、标准贯入试验、十字板剪切试验、旁压试验、扁铲侧胀试验、剪切波速测试等其他现场原位试验。

(一) 载荷试验

1. **载荷试验的目的、分类和适用范围**

载荷试验简称 DLT（dead load test），用于测定承压板下应力主要影响范围内岩土的承载力和变形模量。天然地基土载荷试验有平板、螺旋板载荷试验两种，常用的是平板载荷试验。

平板载荷试验（plate loading test）是在岩土体原位用一定尺寸的承压板，施加竖向荷载，同时观测各级荷载作用下承压板沉降，测定岩土体承载力和变形特性。平板载荷试验有浅层平板、深层平板载荷试验两种。浅层平板载荷试验，适用于浅层地基土。对于地下深处和地下水位以下的地层，浅层平板载荷试验已显得无能为力。深层平板载荷试验适用于深层地基土和大直径桩的桩端土。深层平板载荷试验的试验深度不应小于5m。

螺旋板载荷试验是将螺旋板旋入地下预定深度，通过传力杆向螺旋板施加竖向荷载，同时量测螺旋板沉降，测定土的承载力和变形特性。螺旋板载荷试验适用于深层地基土或地下水位以下的地基土。进行螺旋板载荷试验时，如旋入螺旋板深度与螺距不相协调，土层也可能发生较大扰动。当螺距过大，竖向荷载作用大，可能发生螺旋板本身的旋进，影响沉降的量测。这些问题，应注意避免。

2. **试验设备**

（1）平板载荷试验设备

平板载荷试验设备一般由加荷及稳压系统、反力锚定系统和观测系统三部分组成。

①加荷及稳压系统：由承压板、立柱、油压千斤顶及稳压器等组成。采用液压加荷稳压系统时，还包括稳压器、储油箱和高压油泵等，分别用高压胶管连接与加荷千斤顶构成一个油路系统。

②反力锚定系统：常采用堆重系统或地锚系统，也有采用坑壁（或洞顶）反力支撑系统。

③观测系统：用百分表观测或自动检测记录仪记录，包括百分表（或位移传感器）、基准梁等。

（2）螺旋板载荷试验设备

国内常用的是由华东电力设计院研制的YDL型螺旋板载荷试验仪。该仪器是由地锚和钢梁组成反力架，螺旋承压板上端装有压力传感器，由人力通过传力杆将承压板旋入预定的试验深度，在地面上用液压千斤顶通过传力杆对板施加荷载，沉降量是通过传力杆在地面量测。

3. **试验点位置的选择**

天然地基载荷试验点应布置在有代表性的地点和基础底面标高处，且布置在技术钻孔附近。当场地地质成因单一、土质分布均匀时，试验点离技术钻孔距离不应超过10m，反之不应超过5m，也不宜小于2m。严格控制试验点位置选择的目的是使载荷试验反映的承压板影响范围内地基土的性状与实际基础下地基土的性状基本一致。

载荷试验点，每个场地不宜少于3个，当场地内岩土体不均时，应适当增加。

一般认为，载荷试验在各种原位测试中是最为可靠的，并以此作为其他原位测试的对比依据。但这一认识的正确性是有前提条件的，即基础影响范围内的土层应均一。实际土层往往是非均质土或多层土，当土层变化复杂时，载荷试验反映的承压板影响范围内地基土的性状与实际基础下地基土的性状将有很大的差异。故在进行载荷试验时，对尺寸效应要有足够的估计。

4. **试验的一般技术要求**

①浅层平板载荷试验的试坑宽度或直径不应小于承压板宽度或直径的 3 倍；深层平板载荷试验的试井直径应等于承压板直径；当试井直径大于承压板直径时，紧靠承压板周围土的高度不应小于承压板直径。

对于深层平板载荷试验，试井截面应为圆形，直径宜取 0.8～1.2m，并有安全防护措施；承压板直径取 800mm 时，采用厚约 300mm 的现浇混凝土板或预制的刚性板；可直接在外径为 800mm 的钢环或钢筋混凝土管柱内浇筑；紧靠承压板周围土层高度不应小于承压板直径，以尽量保持半无限体内部的受力状态，避免试验时土的挤出；用立柱与地面的加荷装置连接，亦可利用井壁护圈作为反力，加荷试验时应直接测读承压板的沉降。

②试坑或试井底应注意使其尽可能平整，应避免岩土扰动，保持其原状结构和天然湿度，并在承压板下铺设不超过 20mm 的砂垫层找平，尽快安装试验设备，保证承压板与土之间有良好的接触；螺旋板头入土时，应按每转一圈下入一个螺距进行操作，减少对土的扰动。

③载荷试验宜采用圆形刚性承压板，根据土的软硬或岩体裂隙密度选用合适的尺寸；土的浅层平板载荷试验承压板面积不应小于 $0.25m^2$，对软土和粒径较大的填土不应小于 $0.5m^2$，否则容易发生歪斜；对碎石土，要注意碎石的最大粒径；对硬的裂隙黏土及岩层，要注意裂隙的影响；土的深层平板载荷试验承压板面积宜选用 $0.5m^2$；岩石载荷试验承压板的面积不宜小于 $0.07m^2$。

④载荷试验加荷方式应采用分级维持荷载沉降相对稳定法（常规慢速法）；有地区经验时，可采用分级加荷沉降非稳定法（快速法）或等沉速率法，以加快试验周期。如试验目的是确定地基承载力，必须有对比的经验；如试验目的是确定土的变形特性，则快速加荷的结果只反映不排水条件的变形特性，不反映排水条件的固结变形特性；加荷等级宜取 10～12 级，并不应少于 8 级，荷载量测精度不应低于最大荷载的±1%。

⑤承压板的沉降可采用百分表或电测位移计量测，其精度不应低于±0.01mm；当荷载沉降曲线无明确拐点时，可加测承压板周围土面的升降、不同深度土层的分层沉降或土层的侧向位移，这有助于判别承压板下地基土受荷后的变化、发展阶段及破坏模式和判定拐点。

对慢速法，当试验对象为土体时，每级荷载施加后，间隔 5min、5min、10min、10min、15min、15min 测读一次沉降，以后间隔 30min 测读一次沉降，当连读两小时每小时沉降量小于等于 0.1mm 时，可认为沉降已达相对稳定标准，施加下一级荷载；当试验对象是岩体时，间隔 1min、2min、2min、5min 测读一次沉降，以后每隔 10min 测读一次，当连续三次读数差小于等于 0.01mm 时，可认为沉降已达相对稳定标准，施加下一级荷载。

⑥一般情况下，载荷试验应做到破坏，获得完整的 $p-s$ 曲线，以便确定承载力特征值；只有试验目的为检验性质时，加荷至设计要求的两倍时即可终止。

在确定终止试验标准时，对岩体而言，常表现为承压板上和板外的测表不停地变化，这种变化有增加的趋势。此外，有时还表现为荷载加不上，或加上去后很快降下来。当然，如果荷载已达到设备的最大出力，则不得不终止试验，但应判定是否满足了试验要求。

当出现下列情况之一时，可终止试验：

承压板周边的土出现明显侧向挤出，周边岩土出现明显隆起或径向裂缝持续发展，这表明受荷地层发生整体剪切破坏，属于强度破坏极限状态。

本级荷载的沉降量大于前级荷载沉降量的 5 倍，荷载与沉降曲线出现明显陡降。

在某级荷载下 24h 沉降速率不能达到相对稳定标准。

等速沉降或加速沉降，表明承压板下产生塑性破坏或刺入破坏，这是变形破坏极限状态。

总沉降量与承压板直径（或宽度）之比超过 0.06，属于超过限制变形的正常使用极限状态。

（二）静力触探试验

静力触探试验（cone penetration test，CPT）是用静力匀速将标准规格的探头压入土中，利用探头内的力传感器，同时通过电子量测仪器将探头受到的贯入阻力记录下来。由于贯入阻力的大小与土层的性质有关，因此通过贯入阻力的变化情况，可以达到测定土的力学特性、了解土层的目的，具有勘探和测试双重的功能；孔压静力触探试验除静力触探原有功能外，在探头上附加孔隙水压力量测装置，用于量测孔隙水压力的增长与消散。

静力触探试验适用于软土、一般黏性土、粉土、砂土和含少量碎石的土。静力触探可根据工程需要采用单桥探头、双桥探头或带孔隙水压力量测的单、双桥探头，可测定比贯入阻力（p_s）、锥尖阻力（q_c）、侧壁摩阻力（f_s）和贯入时的孔隙水压力（u）。

目前广泛应用的是电测静力触探，即将带有电测传感器的探头，用静力以匀速贯入土中，根据电测传感器的信号，测定探头贯入土中所受的阻力。按传感器的功能，静力触探分常规的静力触探（CPT，包括单桥探头、双桥探头）和孔压静力触探（CPTU）。单桥探头测定的是比贯入阻力（ps），双桥探头测定的是锥尖阻力（qc）和侧壁摩阻力（fs），孔压静力触探探头是在单桥探头或双桥探头上增加量测贯入土中时土中的孔隙水压力（u，简称孔压）的传感器。国外还发展了各种多功能的静探探头，如电阻率探头、测振探头、侧应力探头、旁压探头、波速探头、振动探头、地温探头等。

1. **静力触探设备**

①静力触探仪

静力触探仪按贯入能力大致可分为轻型（20~50kN）、中型（80~120kN）、重型（200~300kN）三种；按贯入的动力及传动方式可分为人力给进、机械传动及液压传动三种；按测力装置可分为油压表式、应力环式、电阻应变式及自动记录仪等不同类型。

根据量测贯入阻力的方法不同，探头可分为两大类。一类只能量测总贯入阻力，不能区分锥尖阻力和侧壁总摩阻力，这类探头叫单用探头或综合型探头。我国的标准单桥探头，特点是探头的锥尖与侧壁连在一起。另一类能分别量测探头锥尖总阻力和侧壁总摩阻力，这类探头称为双用探头，其探头和侧壁套筒分开，并有各自测量变形的传感器。

孔压探头，它不仅具有双桥探头的作用，还带有滤水器，能测定触探时的孔隙水压力。滤水器的位置可在锥尖或锥面或在锥头以后圆柱面上，不同位置所测得的孔压是不同的，孔压的消散速率也是不同的。微孔滤水器可由微孔塑料、不锈钢、陶瓷或砂石等制成。微孔孔径要求既有一定的渗透性，又能防止土粒堵塞孔道，并有高的进气压力（保证探头不致进气），一般要求渗透性为10~2cm/s，孔径为15~20μm。

②静力触探测量仪器

目前，我国常用的静力触探测量仪器有两种类型：一种为电阻应变仪，另一种为自动记录仪。现在基本都已采用自动记录仪，可以直接将野外数据转入计算机处理。

电阻应变仪。电阻应变仪由稳压电源、振荡器、测量电桥、放大器、相敏检波器和平衡指示器等组成。应变仪是通过电桥平衡原理进行测量的。当触探头工作时，传感器发生变形，引起测量桥路的平衡发生变化，通过手动调整电位器使电桥达到新的平衡，根据电位器调整程度就可确定应变量的大小，并从读数盘上直接读出。因须手工操作，容易发生漏读或误读，现已很少使用。

自动记录仪。静力触探自动记录仪，是由通用的电子电位差计改装而成，它能随深度自动记录土层贯入阻力的变化情况，并以曲线的方式自动绘在记录纸上，从而提高了野外工作的效率和质量。自动记录仪主要由稳压电源、电桥、滤波器、放大器、滑线电阻和可逆电机组成。由探头输出的信号，经过滤波器以后，到达测量电桥，产生出一个不平衡电压，经放大器放大后，推动可逆电机转动，与可逆电机相连的指示机构，就沿着有分度的标尺滑行，标尺是按讯号大小比例刻制的，因而指示机构所指示的位置即为被测讯号的数值。

水下静力触探（CPT）试验装置。广州市辉固技术服务有限公司拥有一种下潜式的静力触探工作平台，供进行水下静力触探之用，并已用于世界各地的海域。工作时用带有起吊设备的工作母船将该平台运到指定水域，定点后用起吊设备将该工作平台放入水中，并靠其自重沉到河床（或海床）上。平台只通过系留钢缆和电缆与水面上的母船相连。

2. **试验的技术要求**

①探头圆锥锥底截面积应采用 $10cm^2$ 或 $15cm^2$，单桥探头侧壁高度应分别采用 57mm 或 70mm，双桥探头侧壁面积应采用 $150 \sim 300cm^2$，锥尖锥角应为 60°。

圆锥截面积国际通用标准为 $10cm^2$，但国内勘察单位广泛使用 $15cm^2$ 的探头；$10cm^2$ 与 $15cm^2$ 的贯入阻力相差不大，在同样的土质条件和机具贯入能力情况下，$10cm^2$ 比 $15cm^2$ 的贯入深度更大，为了向国际标准靠拢，最好使用锥头底面积为 $10cm^2$ 的探头。探头的几何形状及尺寸会影响测试数据的精度，故应定期进行检查。

②探头应匀速垂直压入土中，贯入速率要求匀速，贯入速率（1.2±0.3）m/min 是国际通用的标准。

③探头测力传感器应连同仪器、电缆进行定期标定，室内探头标定测力传感器的非线性误差、重复性误差、滞后误差、温度漂移、归零误差均应小于 1%，现场试验归零误差应小于 3%，这是试验数据质量好坏的重要标志；探头的绝缘度要求 3 个工程大气压下保持 2h，绝缘电阻不小于 500MΩ。

④贯入读数间隔一般采用 0.1m，不超过 0.2m，深度记录误差不超过触探深度的±1%。

⑤当贯入深度超过 30m 或穿过厚层软土后再贯入硬土层时，应采取措施防止孔斜或断杆，也可配置测斜探头，量测触探孔的偏斜角，校正土层界线的深度。

为保证触探孔与垂直线间的偏斜度小，所使用探杆的偏斜度应符合标准：最初 5 根探杆每米偏斜小于 0.5mm，其余小于 1mm；当使用的贯入深度超过 50m 或使用 15~20 次时，应检查探杆的偏斜度；如贯入厚层软土，再穿入硬层、碎石土、残积土，每用过一次应做探杆偏斜度检查。

触探孔一般至少距探孔 25 倍孔径或 2m。静力触探宜在钻孔前进行，以免钻孔对贯入阻力产生影响。

⑥孔压探头在贯入前，应在室内保证探头应变腔为已排除气泡的液体所饱和，并在现

场采取措施保持探头的饱和状态，直至探头进入地下水位以下的土层为止；在孔压静探试验过程中不得上提探头。

⑦当在预定深度进行孔压消散试验时，应量测停止贯入后不同时间的孔压值，其计时间隔由密而疏合理控制；试验过程不得松动探杆。

(三)圆锥动力触探试验

圆锥动力触探试验（dynamic penetration test，DPT）是用一定质量的重锤，以一定高度的自由落距，将标准规格的圆锥形探头贯入土中，根据打入土中一定距离所需的锤击数，判定土的力学特性，具有勘探和测试的双重功能。

圆锥动力触探试验的类型可分为轻型、重型和超重型三种，其规格和适用土类应符合相关规定。

轻型动力触探的优点是轻便，对于施工验槽、填土勘察、查明局部软弱土层、洞穴等分布，均有实用价值。重型动力触探是应用最广泛的一种，其规格标准与国际通用标准一致。超重型动力触探的能量指数（落锤能量与探头截面积之比）与国外的并不一致，但相近，适用于碎石土。

动力触探试验指标主要用于以下目的：

划分不同性质的土层：当土层的力学性质有显著差异，而在触探指标上没有明显反映时，可利用动力触探进行分层和定性地评价土的均匀性，检查填土质量，探查滑动带、土洞和确定基岩面或碎石土层的埋藏深度；确定桩基持力层和承载力；检验地基加固与改良的质量效果等。

确定土的物理力学性质：评定砂土的孔隙比或相对密实度、粉土及黏性土的状态；估算土的强度和变形模量；评定地基土和桩基承载力，估算土的强度和变形参数等。

1. 试验设备

圆锥动力触探设备主要由圆锥头、触探杆、穿心锤三部分组成。

我国采用的自动落锤装置种类很多，有抓钩式（分外抓钩式和内抓钩式）、钢球式、滑销式、滑槽式和偏心轮式等。

锤的脱落方式可分为碰撞式和缩径式。前者动作可靠，但操作不当易产生明显的反向冲击，影响试验成果。后者导向杆容易被磨损，长期工作，易发生故障。

2. 试验技术要求

①采用自动落锤装置。锤击能量是对试验成果有影响的最重要的因素，落锤方式应采

用控制落距的自动落锤，使锤击能量比较恒定。

②注意保持杆件垂直，触探杆最大偏斜度不应超过2%，锤击贯入应连续进行，在黏性土中击入的间歇会使侧摩阻力增大；同时防止锤击偏心、探杆倾斜和侧向晃动，保持探杆垂直度；锤击速率也影响试验成果，每分钟宜为15~30击；在砂土、碎石土中，锤击速率影响不大，则可采用每分钟60击。

③触探杆与土间的侧摩阻力是对试验成果有影响的另一重要因素。试验过程中，可采取下列措施减少侧摩阻力的影响：

探杆直径小于探头直径，在砂土中探头直径与探杆直径比应大于1.3，而在黏土中可小些。

贯入一定深度后旋转探杆（每1m转动一圈或半圈），以减少侧摩阻力；贯入深度超过10m，每贯入0.2m，转动一次。

探头的侧摩阻力与土类、土性，杆的外形、刚度、垂直度、触探深度等均有关，很难用一固定的修正系数处理，应采取切合实际的措施，减少侧摩阻力，对贯入深度加以限制。

④对轻型动力触探，当$N_{10}>100$或贯入15cm锤击数超过50时，可停止试验；对重型动力触探，当连续三次$N_{63}>50$时，可停止试验或改用超重型动力触探。

3. 资料整理与试验成果分析

①单孔连续圆锥动力触探试验应绘制锤击数与贯入深度关系曲线。

②计算单孔分层贯入指标平均值时，应剔除临界深度以内的数值超前和滞后影响范围内的异常值。

在整理触探资料时，应剔除异常值，在计算土层的触探指标平均值时，超前滞后范围内的值不反映真实土性。临界深度以内的锤击数偏小，不反映真实土性，故不应参加统计。动力触探本来是连续贯入的，但也有配合钻探间断贯入的做法，间断贯入时临界深度以内的锤击数同样不反映真实土性，不应参加统计。

③整理多孔触探资料时，应结合钻探资料进行分析，对均匀土层，根据各孔分层的贯入指标平均值，用厚度加权平均法计算场地分层贯入指标平均值和变异系数。

(四)标准贯入试验

标准贯入试验（standard penetration test，SPT）是用质量为63.5kg的穿心锤，以76cm的落距，将标准规格的灌入器，自钻孔底部预打15cm，记录再打入30cm的锤击数，判定土的力学特性。

标准贯入试验仪适用于砂土、粉土和一般黏性土，不适用于软塑流塑软土。在国外用实心圆锥头（锥角60°）替换贯入器下端的管靴，使标贯适用于碎石土、残积土和裂隙性硬黏土及软岩，但国内尚无这方面的具体经验。

1. **试验设备**

标准贯入试验的设备主要由标准贯入器、触探杆和穿心锤三部分组成。触探杆一般用直径为42mm的钻杆，穿心锤重63.5kg。

例如美国PDI公司的SPT标准贯入分析仪，配备有一个0.6m长SPT杆（AW、NW或其他类型）组件，该组件带有两个应变桥路传感器，传感器由PDI公司精确标定。现场试验时，将两个加速度传感器固定到这个组件上，然后将其安装至锤和取样杆之间钻杆的顶部。通过电缆或无线发射器将这个组件与SPT分析仪连接起来。在SPT试验过程中，应变传感器和加速度传感器获得必要的力和速度信号，用于计算转换能量。能量实时地显示在SPT分析仪的屏幕上。

2. **试验技术要求**

标准贯入试验多与钻探相配合使用，操作要点是：

①钻具钻至试验土层标高以上约15mm处，以避免下层土受扰动。

②贯入前，应检查触探杆的接头，不得松脱。贯入时，穿心锤落距为76mm，使其自由下落，将贯入器直打入土层中15mm。以后每打入土层30mm的锤击数，即为实测锤击数N。

③提出贯入器，取出贯入器中的土样进行鉴别描述。

④若须继续进行下一深度的贯入试验时，即重复上述操作步骤进行试验。

⑤当钻杆长度大于3m时，锤击数应按下式进行钻杆长度修正：$N_{63.5}=\alpha N$，式中$N_{63.5}$为标准贯入试验锤击数，α为触探杆长度校正系数，如触探杆长分别为≤3、≤6、≤9、≤12、≤15、≤18、≤21m时，则α相应分别为1、0.92、0.86、0.81、0.77、0.73、0.70。

3. **资料整理与试验成果分析**

标准贯入试验的主要成果有：标贯击数N与深度的关系曲线，标贯孔工程地质柱状剖面图。下面简述标贯击数N的应用。应该指出，在应用标贯击数N评定土的有关工程性质时，要注意N值是否做过有关修正。标准贯入试验成果根据地区经验可以做如下分析应用：对砂土的密实度，粉土、黏性土的状态，土的强度参数，变形模量，地基承载力等做出评价；估算单桩极限承载力和判定沉桩可能性；判定饱和粉砂、砂质粉土的地震液化可能性及液化等级；用于岩土工程地基加固处理设计及效果检验。

（五）十字板剪切试验

十字板剪切试验是一种用十字板测定饱和软黏性土不排水抗剪强度和灵敏度的试验，属于土体原位测试试验的一种。它是将十字板头由钻孔压入孔底软土中，以均匀的速度转动，通过一定的测量系统，测得其转动时所需之力矩，直至土体破坏，从而计算出土的抗剪强度。由十字板剪力试验测得之抗剪强度代表孔内土体的天然强度（不排水抗剪强度）。

根据十字板仪的不同，试验可分为普通十字板剪切试验和电测十字板剪切试验；根据贯入土体的不同方式，可分为预钻孔十字板剪切试验和自钻孔十字板剪切试验。其原理都是对土体施加一定扭矩，将土体剪坏，测定土体因抗剪对试验仪产生的最大扭矩，通过换算得到土体抗剪强度值。

通过对十字板剪切试验成果整理，并结合地区经验，可用于以下岩土工程目的：

①测定饱和软黏土的抗剪强度和灵敏度。

②检测地基加固效果和强度变化规律。

③测定地基或边坡滑动位置。

④可计算地基容许承载力。

⑤计算单桩承载力。

（六）旁压试验

最近的几十年来，旁压试验在国内外岩土工程实践中得到迅速发展并逐渐成熟，其试验方法简单、灵活、准确，适用于黏性土、粉土、砂土、碎石土、残积土、极软岩和软岩等地层的测试。

旁压试验是将圆柱形的旁压器竖直地放入土中，利用旁压器的扩张，对周围土体施加均匀压力，测量径向压力和变形的关系，即可求得地基土在水平方向的应力应变关系。按将旁压器设置土中的方式不同，旁压仪分为预钻式、自钻式和压入式三种。预钻式旁压试验应保证成孔质量，钻孔直径与旁压器直径应良好配合，防止孔壁坍塌。自钻式旁压试验的自钻钻头、钻头转速、钻进速率、刃口距离、泥浆压力和流量等应符合有关规定。

旁压试验所需的仪器设备主要由旁压器、变形测量系统和加压稳压装置等部分组成。

通过对旁压试验成果整理，并结合地区经验，可用于以下岩土工程目的：

1. 测求地基土的临塑荷载和极限荷载强度，从而估算地基土的承载力。

2. 测求地基土的变形模量，从而估算沉降量。

3. 估算桩基承载力。

4. 计算土的侧向基床系数。

5. 根据自钻式旁压试验的旁压曲线推求地基土的原位水平应力、静止侧压力系数。

(七) 扁铲侧胀试验

扁铲侧胀试验是将带有膜片的扁铲压入土中预定深度，充气使膜片向孔壁土中侧向扩张，根据压力与变形关系，测定土的模量及其他有关指标。扁铲侧胀试验最适宜在软弱、松散土中进行，随着土的坚硬程度或密实程度的增加，适宜性渐差。当采用加强型薄膜片时，也可用于密实的砂土。根据扁铲侧胀试验指标和地区经验，可判别土类，确定黏性土的状态、静止侧压力系数、水平基床系数等。

(八) 剪切波速测试

剪切波速测试适用于测定各类岩土体的压缩波、剪切波或瑞利波的波速，可根据任务要求，采用单孔法、跨孔法或面波法。利用铁球水平撞击木板，使木板与地面之间发生运动，产生丰富的剪切波，从而在钻孔内不同高度处分别接收通过土层向下传播的剪切波。因为这种竖向传播的路径接近于天然地层由基岩竖直向上传播的情况，因此对地层反应分析较为有用。

剪切波速试验成果可用于：划分场地类型，计算场地基本周期，提供地震反应分析所需的地基土动力参数，判别地基土液化可能性，评价地基处理效果等。

二、岩土试验项目和试验方法

由于岩土试样和试验条件不可能完全代表现场的实际情况，故规定在岩土工程评价时，宜将试验结果与原位测试成果或原型观测反分析成果比较，并做必要的修正后选用。

试验项目和试验方法，应根据工程要求和岩土性质的特点确定。一般的岩土试验，可以按标准的、通用的方法进行。但是，岩土工程师必须注意到岩土性质和现场条件中存在的许多复杂情况，包括应力历史、应力场、边界条件、非均质性、非等向性、不连续性等。如工程活动引起的新应力场和新边界条件，使岩土体与岩土试样的性状之间存在不同程度的差别。试验时应尽可能模拟实际，使试验条件尽可能接近实际，使用试验成果时不要忽视这些差别。

对特殊试验项目，应制订专门的试验方案。

制备试样前，应对岩土的重要性状做肉眼鉴定和简要描述。

(一) 土的物理性质试验

1. 各类工程均应测定下列土的分类指标和物理性质指标：

砂土：颗粒级配、体积、质量、天然含水量、天然密度、最大和最小密度。

粉土：颗粒级配、液限、塑限、体积、质量、天然含水量、天然密度和有机质含量。

黏性土：液限、塑限、体积、质量、天然含水量、天然密度和有机质含量。

2. 测定液限时，应根据分类评价要求，选用现行国家标准规定的方法。我国通常用76g 瓦氏圆锥仪，但在国际上更通用卡氏碟式仪，目前在我国是两种方法并用。由于测定方法的试验成果有差异，应在试验报告上注明所使用的方法。

土的体积、质量变化幅度不大，有经验的地区可根据经验判定，但在缺乏经验的地区，仍应直接测定。

3. 当进行渗流分析、基坑降水设计等要求提供土的透水性参数时，应进行渗透试验。常水头试验适用于砂土和碎石土，变水头试验适用于粉土和黏性土，透水性很低的软土可通过固结试验测定固结系数、体积压缩系数和渗透系数。土的渗透系数取值应与野外抽水试验或注水试验的成果比较后确定。

4. 当须对土方回填和填筑工程进行质量控制时，应选取有代表性的土试样进行击实试验，测定干密度与含水量关系，确定最大干密度、最优含水量。

(二) 土的压缩固结试验

1. 采用常规固结试验求得的压缩模量和一维固结理论进行沉降计算，是目前广泛应用的方法。由于压缩系数和压缩模量的值随压力段而变化，所以当采用压缩模量进行沉降计算时，固结试验最大压力应大于土的有效自重压力与附加压力之和，试验成果可用 $e-p$ 曲线整理，压缩系数和压缩模量的计算，应取自土的有效自重压力到土的有效自重压力与附加压力之和的压力段。当考虑深基坑开挖卸荷和再加荷影响时，应进行回弹试验，其压力的施加应模拟实际的加、卸荷状态。

2. 按不同的固结状态（正常固结、欠固结、超固结）进行沉降计算，是国际上通用的方法。当考虑土的应力史进行沉降计算时，试验成果应按 $e-lgp$ 曲线整理，确定先期固结压力并计算压缩指数和回弹指数。施加的最大压力应满足绘制完整的 $e-lgp$ 曲线。为计算回弹指数，应在估计的先期固结压力之后，进行一次卸荷回弹，再继续加荷，直至完成预定的最后一级压力。

3. 当须进行沉降历时关系分析时，应选取部分土试样在土的有效压力与附加压力之和的压力下，做详细的固结历时记录，并计算固结系数。

4. 沉降计算时一般只考虑主固结，不考虑次固结。但对于厚层高压缩性软土上的工程，次固结沉降可能占相当分量，不应忽视。任务需要时应取一定数量的土试样测定次固结系数，用于计算次固结沉降及其历时关系。

5. 除常规的沉降计算外，有的工程须建立较复杂的土的力学模型进行应力应变分析。当须进行土的应力应变关系分析，为非线性弹性、弹塑性模型提供参数时，可进行三轴压缩试验，试验方法宜符合下列要求：

进行围压与轴压相等的等压固结试验，应采用三个以上不同的固定围压，分别使试样固结，然后逐级增加轴压，直至破坏，取得在各级围压下的轴向应力与应变关系，供非线性弹性模型的应力应变分析使用；各级围压下的试验，宜进行1~3次回弹试验。

当需要时，除上述试验外，还要在三轴仪上进行等向固结试验，即保持围压与轴压相等，逐级加荷，取得围压与体积应变关系，计算相应的体积模量，供弹性、非线性弹性、弹塑性等模型的应力应变分析使用。

(三) 土的动力性质试验

当工程设计要求测定土的动力性质时，可采用动三轴试验、动单剪试验或共振柱试验。

不但土的动力参数值随动应变而变化，而且不同仪器或试验方法有其应变值的有效范围。

故在选择试验方法和仪器时，应考虑动应变的范围和仪器的适用性。

动三轴试验和动单剪试验可用于测定土的下列动力性质：

1. **动弹性模量、动阻尼比及其与动应变的关系**

用动三轴仪测定动弹性模量、动阻尼比及其与动应变的关系时，在施加动荷载前，宜在模拟原位应力条件下先使土样固结。动荷载的施加应从小应力开始，连续观测若干循环周数，然后逐渐加大动应力。

2. **既定循环周数下的动应力与动应变关系**

测定既定的循环周数下轴向应力与应变关系，一般用于分析震陷和饱和砂土的液化。

3. **饱和土的液化剪应力与动应力循环周数关系**

当出现下列情况之一时，可判定土样已经液化：①孔隙水压力上升，达到初始固结压力时；②轴向动应变达到5%时。

共振柱试验可用于测定小动应变时的动弹性模量和动阻尼比。

(四)岩石试验

1. 岩石的成分和物理性质试验可根据工程需要选定下列项目:

岩矿鉴定，颗粒密度和块体密度试验，吸水率和饱和吸水率试验，耐软化或崩解性试验，膨胀试验，冻融试验。

2. 单轴抗压强度试验应分别测定干燥和饱和状态下的强度，并提供极限抗压强度和软化系数。岩石的弹性模量和泊松比，可根据单轴压缩变形试验测定。对各向异性明显的岩石应分别测定平行和垂直层理面的强度。

3. 岩石三轴压缩试验宜根据其应力状态选用四种围压，并提供不同围压下主应力差与轴向应变关系、不同围压下的初始模量和极限轴向主应力差、抗剪强度包络线及强度参数 c、q 值。

4. 岩石直接剪切试验可测定岩石及沿节理面、滑动面、断层面或岩层层面等不连续面上的抗剪强度，并提供 c、q 值和各法向应力下的剪应力与位移曲线。

5. 因为岩石对于拉伸的抗力很小，所以岩石的抗拉强度是岩石的重要特征之一。测定岩石抗拉强度的方法很多，但比较常用的有劈裂法和直接拉伸法。勘察规范推荐采用劈裂法，即在试件直径方向上，施加一对线性荷载，使试件沿直径方向破坏，间接测定岩石的抗拉强度。

6. 当间接确定岩石的强度指标时，可进行点荷载试验和声波速度试验。

第五节　岩土工程勘察 BIM 信息化

一、基于 BIM 的工程勘察软件系统

岩土工程勘察是指根据建设工程的要求，查明、分析、评价场地的工程地质、水文地质、环境特征和岩土工程条件，并编制勘察文件的活动。岩土工程勘察是工程建设过程中重要的工作环节，是工程项目全生命周期的一个重要参与方。

建筑信息模型（building information model，即 BIM）是建设工程及其设施的物理和功能特性的数字化表达，在建筑工程全生命期内提供共享的信息资源，并为各种决策提供基础信息。BIM 模型具有可视化、协调性、模拟性、优化性和可出图性五大特点，可在提高

生产效率、协同工作、节约成本和缩短工期等方面发挥重要作用。

任何建筑物场地的岩土工程条件和岩土工程特性均具有差异性，因此，岩土工程勘察提供的各种信息显然是建筑 BIM 数据库中一个重要的组成部分。鉴于场地岩土工程条件对于项目决策、方案制订、基础形式、工程造价和施工工期等均有重大影响，因此，将建设场地内的岩土工程勘察信息和岩土工程数据整合进 BIM 模型显然很有必要。随着地下空间的开发利用进程加快，在建筑物的全生命周期中，一些既有建筑物周边出现地铁、综合管廊等地下构筑物的可能性大大增加，建筑物与周边工程环境的关系较历史上的任一时期都更为紧密，因此，将岩土工程勘察成果有效地整合到建筑物 BIM 模型中也是现代城市发展的需要。

(一) 应用特点和技术优势

目前，岩土工程勘察报告一般仅提供工程建设场地内岩土层的分布描述、工程地质剖面图和柱状图，以及不同深度的原位测试和室内试验岩土参数综合指标。在工程设计时，需要设计人员利用有限勘探点的勘察数据去想象构建 3D 的场分布。数据重构的过程目前基本依靠个人的空间想象能力和经验，使得对勘察成果解读的个体差异很大，这种情况大大制约了设计人员对岩土工程勘察数据的有效应用。BIM 应用技术一个显著的特点就是数据的 3D 可视化应用。如果能够实现基于 BIM 的岩土工程勘察成果 3D 可视化，将使工程技术人员可以充分理解建设场地内岩土层在 3D 空间上的分布特征，便于做出合理的工程判断，对地基与基础方案和地下结构的正确选型具有显著的优势。此外，由于地下结构工程的施工进度控制和造价控制存在许多不确定的因素，技术和管理人员难以全面地掌握相关的数据，不能在有效的时段内发现潜在的岩土工程问题和风险，这是造成地上工程施工阶段事故频发的主要原因之一。将岩土工程勘察成果及现场变形监测数据整合进 BIM 模型，提供可实现 3D 可视化的基于 BIM 的岩土工程勘察成果信息模型，显然可以强化建筑物地下部分施工的协调性、模拟性、优化性，具有重要的实用价值。

在建筑工程相关的岩土工程领域中，边坡处理、基坑支护及地基处理设计中常存在施工图绘制深度不足的问题。当前，在这些领域的施工图绘制通常是采用有限数量的剖面图来描述支挡结构，对于地层突变的区域及地下结构物几何变化区域的工程处理经常存在着描述不清的状况。基于 BIM 的 3D 可视化勘察数据信息模型可以实现支挡结构系统设计的精细化，提高支挡结构系统的设计水平。

(二) 勘察设计阶段 BIM 应用的对策与建议

针对目前我国建筑业 BIM 应用存在的阻碍，有专家学者建议采取三阶段的 BIM 促进方案，即推动BIM引进的阶段、BIM应用的过渡阶段及推动BIM应用的阶段。研究BIM在我国的发展战略和模式，分别从BIM应用、BIM工具和BIM标准三个BIM发展战略的主要组成部分入手，给出BIM发展战略研究路线图。本节结合前期的BIM调研总结及有关研究文献，就在勘察设计阶段更好地应用BIM技术，提出如下建议。

1. **政府层面**

政府机构在勘察设计阶段推广BIM技术中应做好以下工作：①加快推动适应我国国情的BIM设计标准、绿色评价标准的建立；②完善招投标、工程设计等方面的法律法规，改革施工图审批流程；③发挥对BIM应用的引导和服务功能，出台有效政策积极鼓励建筑业各单位使用BIM技术，开展BIM示范工程，推广BIM典型案例，并在工程项目监管、审核流程等方面予以支持。

2. **企业层面**

针对不同方面的BIM使用者，概括来说：①全面分析BIM应用成本的源头和BIM应用质量效益转换为经济效益的途径，在BIM设计质量和BIM设计效率之间寻找平衡点，找到适合自身定位的BIM应用收益模式；②逐步探索制定企业内部的BIM标准和实施流程；③加强高校科研单位、软件开发商、咨询服务商相互间的合作交流，打破技术壁垒，有条件地实行BIM二次开发；④制定企业内部激励措施，对BIM重点、试点项目和人才给予更多的支持；⑤加强对BIM人员的持续培训，建立企业的BIM梯队；⑥鼓励使用新技术，促进云技术、点云技术及激光扫描等技术与BIM相结合，研发BIM在设计与施工中的新的应用点。此外，业主单位需要研究BIM价值潜力所在的领域，并制定新的付费模式以推动设计单位BIM应用；软件开发商需要做好国外软件本地化，实现不同软件数据的互通共享，与市场接轨开发出适合特定功能的地质勘察BIM软件。

3. **行业协会层面**

相关的行业协会应组织各方力量编制BIM行业标准，规范BIM应用；组织多层次、多领域的BIM经验交流观摩活动，打破技术封锁；开展BIM技术培训、BIM竞赛，推动BIM技术普及应用；挖掘、宣传BIM典型项目，发挥模范引领作用。

4. **高校层面**

在科研方面，加强基于BIM的设计软件、协同设计研究，为我国制定BIM标准建言献策；对设立工程和建筑相关专业的高校，加强对BIM理念和技术的宣传引导，促进多学科交叉；完善BIM课程体系，促进对BIM技术的推广和培训工作，为建筑业输送合格的BIM人才；注重和企业单位的交流，促进科研成果向市场应用的转化。

（三）基于 BIM 的岩土工程勘察软件的特点

基于 BIM 的岩土工程勘察数据 3D 可视化建模技术存在专业特殊性，主要体现在以下三方面。①地质界面形态的不规则性：地层尖灭、断层错动等诸多不规则的地质界面很难用传统的数学理论和传统的建模技术进行快速有效的计算机模拟。②勘察工作过程在认识上的不确定性：与事先构想形成的确定性结构形态不同，勘察工作事先往往并不知道地质体的实际形态，而是通过少数勘探点所获得的建设场地岩土信息结合地质成因分析来进行推测和判断。③需要根据地质体固有的地质特性和工程属性来保证建模过程中“数学成果的合理性”。例如沉积成因的地层界面之间绝对不会相互穿插、不同性质断层固有的错动方式等。

同时，工程勘察数据的来源多种多样，概括起来可分为以下几种。①地质图件数据：包括地质图、地质构造图、地形图、工程地质剖面图、地质柱状图等，通过这些图件的数字化可以获得与之相应的各种地层信息、构造信息、岩性信息等，所以数字化工程地质图件是工程勘察数据的主要来源之一。②实测数据：通过野外勘察实地测量获取的数据，包括各种物探资料、化探资料和钻探资料等。③试验数据：模拟真实世界中地物与过程特征产生的数据。试验数据与实测数据的结合使用效果较好。④理论推测与估算数据：在不能通过其他方法直接获取数据的情况下，常采用有科学依据的理论推测得到数据。⑤历史数据：指历史文献中记录下来的各种信息，经过基于地学知识关联的整理和完善，这些信息将成为可用的勘察数据。⑥集成数据：主要是指由已有的勘察数据经过合并、提取、布尔运算、过滤等操作得到新的数据。因此，基于 BIM 的岩土工程勘察软件的研发与常规的 BIM 建模软件存在较大的差别，充分考虑了岩土工程勘察专业的自身特点。

（四）勘察软件系统的关键技术

1. 数据插值技术

岩土体界面的数学模拟是基于 BIM 的岩土工程勘察建模的基础。对于岩土体建模过程，不宜直接通过 Dulauny 三角剖分法构造空间不规则三角网（TIN）来构建地质界面。这是由于工程勘察获取的原始数据中各相邻点往往相距较远，需要在勘探点间进行趋势判断。另外，如果插值曲面不光滑，则无法求出地层界面上某一点沿坐标轴的坡向、坡度和曲率，应采用离散数据拟合与插值的方法建立 3D 岩土体模型。

空间离散数据的插值和拟合是构建基于 BIM 的 3D 岩土体模型的基础。基于竖向勘探数据（如钻孔的 X、Y 平面坐标和不同地层面的深度 Z）的单值曲面图形生成可归结为双自变量离散数据的插值和拟合。在已开发的基于 BIM 的岩土工程勘察软件中采用了以下 12 种插值算法：反距离加权插值法、克里金插值法、最小曲率法、改进谢别德法、自然邻点插值法、最近邻点插值法、多元回归法、径向基函数法、线性插值三角网法、移动平均法、局部多项式法和 DSI 离散平滑算法。

2. NURBS **曲面技术**

NURBS 是 Non-Uniform Rational B-Splines 的缩写，是非均匀有理 B 样条的意思。1991 年，国际标准化组织（ISO）颁布的工业产品数据交换标准 STEP 中，把 NURBS 作为定义工业产品几何形状的唯一数学方法。

由于工程建设需要勘察专业提供高精度、可适应复杂形态的岩土体模型，因此选择 NURBS 技术构建基于 BIM 的岩土体模型，具有节省存储空间、处理简便并可保证空间唯一性和几何不变性等优点，具有很高的应用价值。具体可归纳为以下几点：

①NURBS 具有几何变换不变性，在比例、旋转、平移、剪切及平行和透视投影变换下是不变的，这为绘制 3D 地质实体图提供了便利。

②NURBS 是非有理 B 样条形式及有理与非有理 Bezier 形式的推广，具有更多控制形状的自由度，能够描述更复杂的图形。

③NURBS 能表示自由曲面、等距曲面、过渡曲面、延伸面和扫描面等，通过对这些非封闭曲面片的缝合形成封闭的 3D 曲面模型，为勘探点布置、勘察仿真分析及地层描述提供了方便。

④NURBS 可通过控制点和权因子来灵活地改变形状，对插入、删除、修改节点和几何插值等都能很好地处理，这为修改模型提供了方便。NURBS 曲面技术是基于 BIM 的岩土工程勘察软件系统地层曲面构造的核心技术，是采用 Brep 技术构造 3D 岩土体模型的技术基础。

（五）岩土工程勘察软件系统的主要功能

按照前述的技术路线开发了基于 BIM 的岩土工程勘察软件系统，简称 INV-BIMS 系统。该系统可以利用传统勘察报告所提供的各种勘察数据信息，基于不规则分布的勘探点获取的岩土数据，实现基于 BIM 的 3D 地质体信息模型的快速建模，并且实现了岩土工程勘察信息模型与 Revit、Bentley 等主流 BIM 应用平台软件的无损数据传递。

建模所依赖的数据可通过 INV-BIMS 系统的图形建模系统或外部文件导入的形式输入。INV-BIMS 系统支持的主要外部文件格式包括图形格式文件（DWG、DXF、SAT 及 IGES 等）和文本文件。INV-BIMS 系统可以实现岩土属性数据信息对具有 3D 几何属性的岩土地层对象的附着关系。

INV-BIMS 系统具有以下几个突出的优点：

1. 通过该系统可以实现岩土工程勘察信息在工程建设各专业间的无损传递，解决了工程设计人员无法有效应用工程勘察信息的难题，为优化地基基础方案和岩土工程精细化设计提供了充分的数据支撑。

2. 该系统的设计充分考虑了工程设计人员的应用习惯，可以以较低的学习成本，掌握基于岩土工程勘察成果，符合国家相关工程技术规范要求的基于 BIM 的建模技术。

3. 该系统的建模效率高，一个中小型的建筑工程仅需要几分钟即可实现 INV-BIMS 的岩土工程勘察的岩土体建模。

4. 该系统采用基于特征点的实体建模方式，可以很好地解决传统勘察报告数字化过程中的精度损失、数据矛盾等问题。

二、岩土工程勘察 BIM 及其应用

BIM 技术自引入国内起，就逐渐被设计行业所持续关注，民用建筑行业率先深入应用，现已影响到铁路、公路、水电等其他各个行业。很多人认为 BIM 是设计行业继计算机辅助设计（CAD）后的第二次设计革命，实际上 BIM 并不仅是一个技术手段或几个软件，而是真正的革命，是对传统的设计、建造和管理模式的一种颠覆。不同于以前的“甩图板”，BIM 带来的变革可能是全面性的，不仅对设计一个专业，其抽象程度远大于前者。真正的 BIM 模式会给当前的建筑行业带来综合效率的提升、项目周期的缩短，同时面临的难度也相当大，所以 BIM 也不可能一下子在国内全面铺开，应该是以点带面逐步变革。

国内大部分关于 BIM 的研究和应用，主要集中于地上建筑结构及设施，因此也相对成熟，而对地下部分的研究相对较少，究其原因，主要在于没有成熟的商业软件。众所周知，BIM 技术在国内逐步推开，Autodesk 公司收购 Revit 软件并商业化引入国内是起到很大作用的。而岩土勘察方面的 BIM 软件却几乎没有，这也妨碍了国内对这方面的研究。但 BIM 贯穿建筑全生命周期，不能仅局限于上层建筑，所以，岩土工程勘察 BIM 也是 BIM 的重要组成部分，因此对其进行研究是必要的。事实上，在水电行业早就进行了相关研究，最主要的就是基于 3D 地质模型的各专业 3D 协同设计，并有了成熟的应用，虽然当时不叫 BIM，但基本是符合 BIM 思想的。另外，相当多的复杂岩土分析均采用基于 3D 地质模型进行分析，即使是一般的基础设计和基坑设计，当地质条件复杂时，也更适合采用 3D 地质参数。勘察设计是创建 BIM 模型数据源的产生地之一，BIM 对勘察专业有着很多的需求，勘察不能脱离 BIM 而独善其身。随着社会文明的发展，建筑业逐渐开始向低能

耗、低污染、可持续的方向发展，在恶性竞争的大环境下为追求低成本而牺牲质量的情况会逐渐改善，勘察设计企业的竞争力将更加体现在服务质量上，而BIM就是一种手段。

目前，国内有很多设计企业也已经开始做好了从CAD向BIM转变的准备，有些项目也将开始推行基于BIM的IPD（集成项目交付）模式。IPD模式要求在工程项目总承包的基础上，把工程项目的主要参与方在设计阶段集合在一起，着眼于工程项目的全生命周期，基于BIM协同工作，进行虚拟设计、建造、维护及管理。岩土勘察作为参与方，其转变似乎也是不可避免的，如果还停留在CAD时代的工作模式，将不能应对各种挑战，不能融入整个BIM的大环境。本节提出了一些关于岩土工程勘察BIM解决方案的思考，希望能对转型过程中相关从业单位和个人有一定的参考价值。

(一)岩土工程勘察BIM的创建与交付

实现岩土工程勘察BIM的首要条件是模型的创建，然后以合适的内容和方式交付。

1. 创建

(1) 3D地层分布几何模型的创建

岩土勘察BIM区别于建筑设施的最大之处是，岩土勘察BIM是自然的，而建筑设施是人造的。这也决定了两种模型的创建方式不同。岩土勘察BIM需要通过有限的信息、经过专业的推测而得到，这就提升了其建模的难度。同时，从2D到3D，对应的精度要求也相应要提升，2D情况下各图件均独立绘制，除非有非常明显的错误，一般的细节冲突很难发现，但在3D情况下相关联的平面图件表达信息必须一致，因此对勘察质量的要求就提升了。

尽管如此，岩土勘察3D模型的建立不能超出现有勘察人员的专业技能，不能脱离现有勘察人员的工作方式和习惯，还是以平面的工作方式和平面的推断为主，辅以3D建模方式。因此，3D地层分布几何模型的创建，应通过符合现有勘察习惯和工作方式的3D地质建模软件来实现。

(2) 属性数据库创建

BIM由几何模型承载信息，该信息的解决方案是创建关联属性数据库。与整体模型关联的有工程信息、场地信息、技术方案建议等，与地层模型关联的有场地地层信息，还有其他钻孔信息、原位测试、室内试验等信息，均应在属性数据库内。属性数据库是开放的格式，文件格式是开放的，数据结构也是开放的，只要有相应的软件支持，就能生成符合条件的属性数据库。目前理正勘察软件等相关软件已具备生成该属性数据库的功能。

2. 交付

BIM 的交付应该做到，一要内容齐全、格式清晰，二要接收方能按需应用。要做到这两点，首先必须有一定的标准，交付方按照标准提交，接收方按照标准去应用，才能匹配，否则就无法实现，更无法推广。其次确保交付的内容和格式有可遵循的标准。接收方要想应用起来，有了标准的交付内容和格式还不够，应用需要用软件来实现。对于岩土工程勘察 BIM 的应用抽象成软件的功能来说有一些公用的需求，包括：3D 地层的可视化；地层等相关属性的查询；任意点地层柱状的提取；任意剖切面和平切面的生成；任意的开挖和剖切；任意地质体体积量算。

这些需求，对于大部分 BIM 软件来说，因为公开了几何图形格式和属性数据库格式，3D 地层的可视化可以很容易实现，属性查询也通过简单的开发就能实现。而任意的点地层柱状提取、任意开挖和剖切等比较复杂的功能需求，这些 BIM 软件不可能兼备，投入开发也不值得。那么就应该由专门的软件应用接口来支持，具体表现可以是支持这些功能的组件或插件。有了这些与标准配套的软件应用接口，接收者就可以较为简单地实现应用，而交付者只需按标准格式交付相应的内容。

(二)岩土工程勘察 BIM 的应用

岩土工程勘察 BIM 最终需要在应用中产生价值，应用范围越广其价值就越大。BIM 贯穿建筑全生命周期，在勘察设计、施工和运维阶段均能发挥作用，比如设计中的碰撞检查、施工中的虚拟建造、运维中的资产管理等，均是大家耳熟能详的。而岩土工程勘察 BIM 的应用有很多想法，但实际应用的还是少之又少，主要原因还是缺乏动力和合适的商用软件支持。但随着 BIM 的推行及各种成熟商用软件的推出，逐渐会开发出更多的应用。

1. 在勘察中的应用

我们知道岩土工程勘察的目标是按照工程建设的要求，查明工程地质条件，而剖面图等 2D 图纸只是一种表达方式，具有很强的专业性。但 2D 图纸并不是最好的表达方式，只是当前技术条件下比较成熟的方式，3D 地质模型在表达上有着明显的优势，随着技术的进步，也会逐渐普及。本书认为基于 3D 地质模型的岩土工程勘察 BIM 对勘察质量的提升有以下方面：

①便于发现 2D 图纸上的错误。为了表达一个场区的地质情况，往往采用若干剖面图，有时还有地质平面图，这些图各自是独立绘制的，但本身应该是相关的。实际中经常发现相交的剖面图地层的标高会对不上，地质平面图上反映的地质界线和相应剖面图上也对不

上等问题，而采用3D地质模型，这些问题会很明显地反映出来。

②有助于提升对滑坡不良地质等专业性判断的水平。由于3D地质模型的直观性，类似滑坡等不良地质现象将会更容易被发现。

③可通过对3D地质模型的剖切而任意出图。由于设计变更或重点位置的微调，需要新出剖面图，其过程烦琐，对于优化设计是个包袱，如果可以任意出图，那么勘察对设计的贡献是巨大的，可进一步提升设计效率和质量。

④成果更加具体形象，减少大量困难的专业沟通。3D模型具有天然的直观优势，方便专业人员间进行技术交流，更方便与非专业人员进行沟通。

2. *在设计中的应用*

岩土工程勘察BIM可以很好地服务于岩土相关设计，特别是对于方案的设计，可以带来前所未有的便利性，对于方案的优化设计具有很大的促进作用。基于岩土工程勘察BIM的方案设计，由于3D可视化的直观性、信息查询的便利性，以及精细化开挖方量的获取，使得设计人员可以更为准确地判断不同方案的优劣，也更容易说服对方案有决定作用的非专业人士。比如桩基础方案的确定，利用3D地质模型，可以快速地得到不同布置方案、不同承台标高、不同桩长下的承载能力及相应开挖方量，从而为方案的选择提供科学的依据。若基于以往的2D图纸方式，工作量是巨大的，势必影响设计效果。基坑开挖支护、边坡治理等方案设计也同样如此。

岩土工程勘察BIM同样能很好地服务于详细设计，基于岩土工程勘察BIM的岩土设计可以更为方便地计算分析和出图。对于岩土计算分析，由于基于3D地质模型具备了几何信息和属性信息，可以很方便地形成2D或3D的岩土分析模型，避免了在不同软件中的重复交互，设计人员可以把更多的精力投入计算模型和参数的合理调整。与上部建筑BIM一样，基于BIM的岩土设计，也必将实现施工图自动生成。甚至，随着BIM的推广，施工图已经不是主要成果，岩土设计BIM才是主要成果。

3. *在施工中的应用*

岩土工程勘察BIM在施工中的应用主要表现在施工技术方案确定、施工模拟、施工监测几方面。在施工准备过程中技术方案的确定上，基于岩土工程勘察BIM的3D模型有助于施工总平面的布局，为施工组织的交流提供了直观形象的背景，而相关地质条件的可视化，也为工艺、工序等技术方案的决策提供了便利。

在施工模拟中，可以进行土方开挖及填筑的模拟，并提供工程量，便于模拟运输及确定存放位置。还可以进行基坑支撑围护方案模拟、桩基施工模拟，通过不同工艺、工序方案的模拟并进行对比分析，可从实施进度和造价上选择合适的方案。

另外，岩土工程勘察 BIM 结合施工监测信息，特别是基坑监测，以更为形象的可视化来表现周围土体的变形过程，有助于对事故发生的预测。信息化施工，即边施工边反演分析，也是经常采用的科学合理的手段，利用岩土工程勘察 BIM 的优势，这一过程会更加简单。

4. *在运营维护中的应用*

BIM 的很大一部分价值就是为运营维护带来便利，基于 BIM 可以很好地结合功能性能、人员、空间利用、财务等信息来提高建筑运营过程中的收益与成本管理水平，基于 BIM 也可以更好地支持建筑物本身及相关设施设备的维修保养。岩土工程勘察 BIM 的作用主要体现在建筑物自身的维修和保养上。

为了维持建筑物功能的正常发挥，首先要保证建筑物不受破坏，因此在使用过程中进行持续的监测是必要的。比如对建筑物基础底板抗浮变形监测，由于水位的变化影响因素很多，设计中抗浮水位的确定是困难的，太保守可能导致成本过大，因此很难保证使用过程中不出现底板受浮力而变形破坏，而底板抗浮监测也越来越受到重视。充分利用岩土工程勘察 BIM，可以做出更为科学的测点布置、预测报警及处置方案。

有些建筑物因设计人员对地质条件理解不到位、设计不合理或者施工不合理，会出现倾斜开裂的情况，严重影响了建筑物的使用和价值。在运营过程中，对建筑物进行加固纠偏也是重要的维护手段，而基于 BIM 的维护将更加便利。岩土工程勘察 BIM 经过必要的补充勘察修正后，对倾斜原因的查明及纠偏方案的设计与模拟，均能提供一个良好的基础。

BIM 正在推动国内建筑业既有模式的变革，但同时也面临着各种困难和挑战，除了软件和人员的挑战外，还有很多责权利益不明晰、利益可预见性模糊等问题。但总的来说，BIM 迅猛发展是势不可挡的，岩土工程勘察的设计模式必将随着 BIM 大环境的改变而变化，如何积极应对，还需要更多的思考和实践。另外，从当前工程勘察行业面临的情况来看，工程勘察企业逐渐面临一个供大于求的局面，要想突破困局，要么提升技术实力改进服务质量，要么开拓新的服务领域，而 BIM 在这两方面均有可能。相信工程勘察企业通过对 BIM 的理解和吸收，会做出合理的转型，走出困境。

第三章 地基处理与桩基础技术

第一节 人工地基处理方法

一、换填垫层法

（一）概述

换填垫层适用于浅层软弱土层或不均匀土层的地基处理。所谓浅层一般指处理深度不超过地面以下 5m 范围内，换填垫层一般换填厚度在 3m 以内；所谓软弱地基主要是指由淤泥、淤泥质土、冲填土、杂填土或其他高压缩性土层构成的地基。

利用基坑开挖、分层换土回填并夯实，也可处理较深的软弱土层，但常因地下水位高而需要采用降水措施，或因开挖深度大而需要坑壁放坡占地面积大、施工土方量大、弃土多，或需要基坑支护等，使处理费用增大、工期延长。因而换填垫层法一般只用于处理深度不大的各类软弱土层。

当软弱土地基承载力的稳定性和变形不能满足建筑物（或构筑物）的要求，而软弱土层的厚度又不是很大时，采用换填垫层法能取得较好的效果。对于轻型建筑，采用换填垫层处理局部软弱土时，由于建筑物基础底面的基底压力不大，通过垫层传递到下卧层的附加压力很小，一般也可取得较好的经济效益。但对于上部结构刚度较差，体型复杂、荷载较大的建筑，在软弱土层较厚的情况下，采用换填垫层仅进行局部软弱土层处理时，虽然可提高持力层的承载力，但是由于传递下卧层的附加压力较大，下卧软弱土层在荷载作用下长期变形的可能依然很大，地基仍可能产生较大的变形及不均匀变形，因此一般不可采用该方法进行地基处理。

换填垫层适用于淤泥、淤泥质土、湿陷性黄土、膨胀土、冲填土、杂填土地基。换填材料一般为砂石、粉质黏土、灰土、粉煤灰或矿渣等工业废渣。垫层的主要作用有：

1. **提高地基承载力**

将基底下的软弱土挖去换填为抗剪强度较高的材料，使持力层的承载力提高。当采用加筋垫层时，筋材可进一步提高垫层的承载力。

2. 减少地基沉降量

一般地基浅层部分的沉降量在总沉降量中所占的比例是比较大的。以条形基础为例，相当于基础宽度的深度范围内的沉降量，约占总沉降量的 50%。以低压缩性的材料置换软弱土层，就可以减少这部分土层的沉降量。同时由于垫层的应力扩散作用，使作用在垫层下的软弱土层上的附加压力减小，也减少了软弱下卧层的沉降量。如果采用加筋垫层，通过加筋的作用，将减少不均匀沉降。

3. 加速软土排水固结

采用砂或砂石等粗颗粒材料形成垫层时，由于这些垫层材料的透水性大，软弱土层受压后，垫层可作为良好的排水通道，使垫层下面的软弱土层中的孔隙水压力迅速消散，从而加速垫层下软弱土层的固结，加速其强度的提高，避免其发生塑性破坏。采用加筋土垫层时，土工合成材料如采用排水性好的筋材也可形成良好的排水通道，加速土层的排水固结，提高土体强度。

4. 防止地基土冻胀

由于粗颗粒垫层的材料空隙大，可切断软弱土层中毛细水的上升管道，从而防止寒冷地区冬季土中结冰造成的冻胀。这时，垫层应满足当地冻胀深度的要求。

5. 消除膨胀土的胀缩作用

膨胀土具有吸水膨胀、脱水收缩的特性。将基础底面下的膨胀土全部或部分换填为非水敏性材料的垫层，可消除膨胀土的胀缩作用，从而可避免膨胀土对建筑物的危害。

6. 消除湿陷性黄土的湿陷性

湿陷性黄土具有遇水下陷的特性。将基础底面下的湿陷性黄土全部或部分换填为非水敏性材料的垫层，可消除或部分消除湿陷性黄土的湿陷性，从而可避免湿陷性黄土对建筑物的危害。

(二) 换填垫层法设计

换填垫层法加固地基设计包括垫层材料的选用、铺设范围及厚度的确定、地基沉降计算等内容。

1. 垫层材料

①砂石。宜选用碎石、卵石、角砾、圆砾、砾砂、粗砂、中砂或石屑，应级配良好，

不含植物残体、垃圾等杂质。当使用粉细砂或石粉时，应掺入不少于总重30%的碎石或卵石。砂石的最大粒径不宜大于50mm。对湿陷性黄土地基，不得选用砂石等透水材料。

②粉质黏土。土料中有机质含量不得超过5%，亦不得含有冻土或膨胀土。当含有碎石时，其粒径不宜大于50mm。用于湿陷性黄土或膨胀土地基的粉质黏土垫层，土料中不得夹有砖、瓦和石块。

③灰土。体积配合比宜为2∶8或3∶7。土料宜用粉质黏土，不宜使用块状黏土和砂质粉土，不得含有松软杂质，并应过筛，其颗粒不得大于15mm，石灰宜用新鲜的消石灰，其颗粒不得大于5mm。

④粉煤灰。可用于道路、堆场和小型建（构）筑物等的换填垫层。粉煤灰垫层上宜覆土0.3~0.5m。粉煤灰垫层中采用掺加剂时，应通过试验确定其性能及适用条件。作为建筑物地基垫层的粉煤灰应符合有关建筑材料标准要求。粉煤灰垫层中的金属构件、管网宜采取适当防腐措施。大量填筑粉煤灰时应考虑对地下水和土壤的环境影响。

⑤矿渣。垫层使用的矿渣是指高炉重矿渣，可分为分级矿渣、混合矿渣及原状矿渣。矿渣垫层主要用于堆场、道路和地坪，也可用于小型建（构）筑物地基。选用矿渣的松散重度不小于1kN/m^3，有机质及含泥总量不超过5%。设计、施工前必须对选用的矿渣进行试验，在确认其性能稳定并符合安全规定后方可使用。作为建筑物垫层的矿渣应符合对放射性安全标准的要求。易受酸、碱影响的基础或地下管网不得采用矿渣垫层。大量填筑矿渣时，应考虑对地下水和土壤的环境影响。

⑥其他工业废渣。在有充分依据或成功经验时，也可采用质地坚硬、性能稳定、透水性强、无腐蚀性的其他工业废渣材料，但必须经过现场试验证明其经济效果良好及施工措施完善方能应用。

⑦土工合成材料加筋垫层所用土工合成材料的品种与性能及填料的土类应根据工程特性和地基土条件，按照现行国家标准《土工合成材料应用技术规范》(GB/T 50290—2014)的要求，通过现场试验后确定其适用性。作为加筋的土工合成材料应采用抗拉强度较高、受力时伸长率为4%~5%、耐久性好、抗腐蚀的土工格栅、土工格室、土工垫或土工织物等土工合成材料；垫层填料宜用碎石、角砾、砾砂、粗砂、中砂或粉质黏土等材料。当工程要求垫层具有排水功能时，垫层材料应具有良好的透水性。在软土地基上使用加筋垫层时，应满足建筑物稳定性和变形的要求。

2. 垫层范围设计

垫层铺设范围应满足基础底面压力扩散的要求。垫层铺设宽度可根据当地经验确定。对条形基础，也可按下式计算：

$$b' \geqslant b + 2z\tan\theta \qquad \text{式(3-1)}$$

式中：

b'——垫层底面宽度（m）；

b——基础底面宽度；

z——基础底面下垫层的厚度；

θ——压力扩散角，可按表 3-1 采用。

表 3-1　压力扩散角 θ（°）

z/b	换填材料				
	中砂、粗砂、砾砂、圆砾、角砾、碎石、石屑、矿渣	粉质黏土 粉煤灰	灰土	一层加筋	二层以上加筋
0.25	20	6	28	25~30	28~38
≥0.50	30	23			

整片垫层的铺设宽度可根据施工的要求适当加宽。垫层顶面每边宜超出基础底边不小于 300mm，或从垫层底面两侧向上，按当地开挖基坑经验放坡。

3. **垫层厚度**

垫层的厚度应根据须置换软弱土的深度或下卧土层的承载力确定，并符合式（3-2）：

$$p_z + p_{cz} \leqslant f_{az} \qquad \text{式(3-2)}$$

式中：

p_z——相应于荷载效应标准组合时，垫层底面处的附加压力值（kPa）；

p_{cz}——垫层底面处土的自重应力值（kPa）；

f_{az}——垫层底面处经深度修正后的地基承载力特征值（kPa）。

垫层底面处的附加压力值 p_z 可分别按式（3-3）、式（3-4）计算：

条形基础

$$p_z = \frac{b(p_k - p_s)}{b + 2z\tan\theta} \qquad \text{式(3-3)}$$

矩形基础

$$p_z = \frac{b(p_k - p_e)}{(b + 2z\tan\theta)(l + 2z\tan\theta)} \qquad \text{式(3-4)}$$

(三)垫层施工

1. 土的压实机理

大量工程实践和试验研究表明，要使土的压实效果最好，其含水量一定要适当。对过湿的土进行碾压会出现“橡皮土”，不能增大其密度。对很干的土，机型碾压（夯实）也不能充分夯实。控制土的压实效果的主要因素：土的含水量、压实机械及其压实功能等。土的压实效果常用干密度 ρ_d（单位土体积内土粒的质量）来衡量。

当黏性土含水量较小时，水化膜很薄，颗粒间引力大，在一定的外部压实功能作用下，还不能有效克服引力而使土颗粒相对移动，所以压实效果差。

①最优含水量对黏性土的影响。当压实功能和条件相同时，土的含水量过大或过小，土体都不易压实，只有把土的含水量调整到某一适宜值时，才能收到最佳的压实效果。在一定压实机械的功能条件下，土最易于被压实，并能达到最大密度时的含水量，称为最优含水量 ω_{op}。相应的干密度则称为最大干密度 ρ_{dmax}。

②黏粒含量的影响。相同压实功能对于不同的试料的压实效果也不同，黏粒含量越多的土，土颗粒间引力就越大，只有比较大的含水量时才能达到最大干密度。

③压实功能的影响。对于同类土，随着压实功能的变化，最大干密度和最优含水量也随之变化。当压实功能较小时，土压实后的最大干密度较小，对应的最优含水量则较大；反之，干密度较大，对应的最优含水量则较小。

2. 压实方法

垫层施工应根据不同的换填材料选择施工机械。粉质黏土、灰土宜采用平碾、振动碾或羊足碾，中小型工程也可采用蛙式夯、柴油夯。砂石等宜采用振动碾。粉煤灰宜采用平碾、振动碾、平板振动器、蛙式夯。矿渣宜采用平板振动器或平碾，也可采用振动碾。垫层的施工方法、分层铺填厚度、每层压实遍数等宜通过试验确定。除接触下卧软土层的垫层底部应根据施工机械设备及下卧层土质条件确定厚度外，一般情况下，垫层的分层铺填厚度可取 200~300mm。为保证分层压实质量，应控制机械碾压速度。粉质黏土和灰土垫层土料的施工含水量宜控制在最优含水量 ρ_w±2%的范围内，粉煤灰垫层的施工含水量宜控制在 ρ_w±4%的范围内。最优含水量可通过击实试验确定，也可按当地经验取用。当垫层底部存在古井、古墓、洞穴、旧基础、暗塘等软硬不均的部位时，应根据建筑对不均匀沉降的要求予以处理，并经检验合格后，方可铺填垫层。基坑开挖时应避免坑底土层受扰动，可保留约 200mm 厚的土层暂不挖去，待铺填垫层前再挖至设计标高。严禁扰动垫层下的软弱土层，防止其被践踏、受冻或受水浸泡。在碎石或卵石垫层底部宜设置150~300mm厚的砂垫层或铺一层土工织物，以防止软弱土层表面的局部被破坏，同时必须防止基坑边坡坍土混入垫层。

换填垫层施工应注意基坑排水，除采用水撼法施工砂垫层外，不得在浸水条件下施工，必要时应采用降低地下水位的措施。垫层底面宜设在同一标高上，如深度不同，基坑底土面应挖成阶梯或斜坡搭接，并按先深后浅的顺序进行垫层施工，搭接处应夯压密实。粉质黏土、灰土垫层及粉煤灰施工规定：粉质黏土及灰土垫层分段施工时，不得在柱基、墙角及承重窗间墙下接缝，上下两层的缝距不得小于500mm，接缝处应夯压密实；灰土应拌和均匀并应当日铺填夯压，灰土夯压密实后3d内不得受水浸泡；粉煤灰垫层铺填后宜当天压实，每层验收后应及时铺填上层或封层，防止干燥后松散起尘污染，同时应禁止车辆碾压通行；垫层竣工验收合格后，应及时进行基础施工与基坑回填。

铺设土工合成材料施工，应符合以下要求：下铺地基土层顶面应平整，防止土工合成材料被刺破、顶破；土工合成材料应先铺纵向后铺横向，且铺设时应把土工合成材料张拉平整、绷紧，严禁有褶皱；土工合成材料的连接宜采用搭接法、缝接法或胶接法，连接强度不应低于原材料的抗拉强度。

3. **施工要点**

垫层施工时应注意下列事项，以保证工程质量。

基坑保持无积水。若地下水位高于基坑底面时，应采取排水或降水措施。铺筑垫层材料之前，应先验槽，清除浮土，边坡应稳定。基坑两侧附近如存在低于地基的洞穴，应先填实。施工中必须避免扰动软弱下卧层的结构，防止降低土的强度、增加沉降。基坑挖好立即回填，不可长期浸水或任意践踏坑底。如采用碎石或卵石垫层，宜先铺一层15~20cm的砂垫层做底面，用木夯夯实，以免坑底软弱土发生局部破坏。垫层底面应等高。如深度不同，基土面应挖成踏步或斜坡搭接。分段施工接头处应做成斜坡，每层错开0.5~1.0m。搭接处应注意捣实，施工顺序先深后浅。人工级配砂石垫层，应先拌和均匀，再铺填捣实。垫层每层虚铺200~300mm，均匀、平整，严格掌握。禁止为抢工期一次铺土太厚，如层底压不实，坚决返工重做。垫层材料应采用最优含水量。尤其对素土和灰土垫层，严格控制$\omega \leqslant \omega_{opt} \pm 2\% \omega_{opt}$。施工机械应根据不同垫层材料进行选择，如素填土宜用平碾或羊足碾；机械应采取慢速碾压，如平板振捣器宜在各点留振1~2min，进行质量检验合格后，上铺一层材料再压实，直至设计厚度为止，并及时进行基础施工与基坑回填。

二、排水固结法

(一)概述

排水固结法是处理软黏土地基的有效方法之一。该法是对天然地基，或先在地基中设置砂井、塑料排水带等竖向排水体，然后利用建筑物本身重量分级逐渐加载；或是在建筑物建造以前，在场地先行加载预压，使土体中的孔隙水排出，逐渐固结，地基发生沉降，同时强度逐步提高的方法。

1. 排水固结法要解决的问题

①沉降问题。使地基的沉降在加载预压期间大部分或基本完成，使建筑物在使用期间不致产生不利的沉降和沉降差。

②稳定问题。加速地基土的抗剪强度的增长，从而提高地基的承载力和稳定性。

2. 排水固结法的种类

根据排水系统和加压系统的不同，排水固结法可分为堆载预压法、砂井（包括袋装砂井、塑料排水板等）堆载预压法、真空预压法、降低地下水位法和电渗排水法。

堆载预压法和砂井堆载预压法唯一的区别在于：前者的排水系统以天然地基土层本身为主，而后者在天然地基中还人为地增设了诸如砂井等排水系统。堆载预压法主要用于处理淤泥质土、淤泥和冲填土等饱和黏性土地基。砂井堆载预压法特别适用于存在连续薄砂层的地基。真空预压法适用于能在加固区形成稳定负压边界条件的软土地基。降低地下水位法、真空预压法和电渗排水法都适用于加固很软弱的软土地基。

3. 排水固结法的原理

堆载预压法就是用填土等外加荷载来增加总应力 σ 并使超静孔隙水压力 u 消散，从而增加有效应力 σ' 的方法。降低地下水位法和电渗排水法是总应力不变，减少孔隙水压力来增加有效应力 σ' 的方法。

真空预压法通过砂垫层内埋设的吸水管道，用真空装置抽气，使其形成真空，增加地基的有效应力。主要反映为薄膜上压差荷载、地下水位降低引起附加应力增加、封闭起泡排除，增强渗透性。

4. 排水固结法的设计与计算

在设计以前，应该进行详细的岩土工程勘察和土工试验，以取得必要的设计资料。对以下各项资料应特别加以重视：

①土层条件。通过适量的钻孔绘制出土层剖面图，采取足够数目的试样以确定土的种类和厚度，土的成层程度，透水层的位置，地下水位深度。

②固结试验。得出固结压力与孔隙比的关系曲线，固结系数。

③软黏土层的抗剪强度及沿深度的变化情况。

④砂井及砂垫层所用砂料的粒度分布、含泥量等。

(二)砂井排水固结设计计算

砂井排水固结主要适用于处理淤泥质土、淤泥、泥炭土和冲填土等饱和黏性土地基。排水固结法通常由排水系统和加压系统两部分组成。

砂井法主要适用于没有较大集中荷载的大面积荷重或堆土荷重工程，例如水库土坝、油罐、仓库、铁路路堤、储矿场及港口的水工建筑物等工程。

1. 砂井设计

砂井设计包括砂井直径、间距、深度、排列方式、范围、砂料选择和砂垫层厚度。

①砂井直径和间距主要取决于土的固结特性和施工期限的要求。“细而密”比“粗而稀”效果好。砂井直径一般为300~400mm，袋装砂井直径为70~120mm。

②砂井深度主要根据土层的分布、地基中附加应力大小、施工期限和条件及地基稳定性等因素确定，一般为10~25m。

③砂井排列。砂井在平面上可布置成正三角形（或梅花形），以正三角形排列较为紧凑和有效。在实际进行固结计算时，由于多边形作为边界条件求解很困难，建议每个砂井的影响范围由多边形改为由多边形面积相等的圆来求解。当为正方形排列时，$d_e = 1.13l$；当为等边三角形排列时，$d_e = 1.05l$。式中，d_e为砂井的有效直径，l为砂井间距。

④砂井的布置范围一般可由基础的轮廓线向外增大2~4m。

⑤砂料宜选用中粗砂，其含泥量不能超过3%。

⑥砂垫层。砂井顶部铺设砂垫层，可使砂井排水有良好的通道，将水排到工程场地以外。

2. 沉降

地基土的总沉降一般包括瞬时沉降、固结沉降和次固结沉降三部分。瞬时沉降是在荷载作用下由于土的畸变所引起，并在荷载作用下立即发生的。固结沉降是由于孔隙水的排出而引起土体积减小所造成的，占总沉降的主要部分。次固结沉降则是由于超静水压力消散后，在恒值有效应力作用下土骨架的徐变所致。

3. 施工

（1）铺设水平排水砂垫层

应采用渗水好的砂料作为垫层材料，其渗透系数一般不低于 10^{-3}cm/s，同时能起到一定的反滤作用。常用级配良好的中粗砂，也可采用连通砂井的砂沟（2~3*D*，40~60*cm* 深，*D* 为砂井直径）代替整片砂垫层，不宜采用粉、细砂。垫层厚度应满足渗流水能及时排出，应起到持力层的作用。一般选用 30~50cm 厚度。对新填不久的或无硬壳层的软黏土及水下施工的特殊条件，应采用厚的或混合料排水垫层。垫层施工：机械分堆摊铺，堆成若干砂堆，然后用推土机或人工摊平。袋装砂井的施工过程如图 3-1 所示。

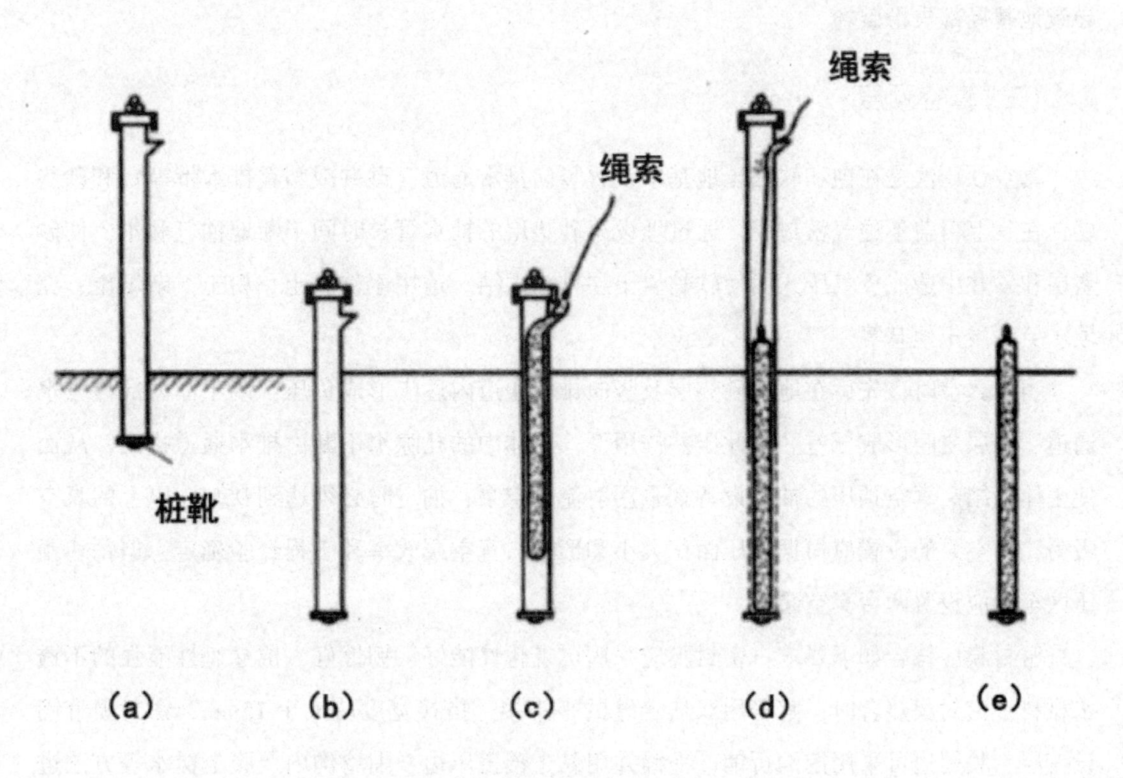

图 3-1 袋装砂井的施工过程

（2）竖向排水体施工

材料：30~50cm 直径的普通砂井，7~12cm 直径的袋装砂井，10cm 宽的塑料排水带。

（3）施加固结压力

①利用建筑物自重加压。一般应用于以地基的稳定性为控制条件，能适应较大变形的建筑物，如路堤、土坝、储矿场、油罐、水池等。对油罐和水池等建筑物，先进行充水加压，一方面可检验罐壁本身有无渗透现象，另一方面还可利用分级逐渐充水预压，使地基土的强度得以提高，满足稳定性要求。对路堤、土坝等建筑物，由于填土高、荷载大，地

基的强度不能满足快速填筑的要求，工程上都采用严格控制加荷速率、逐层填筑的方法，以确保地基的稳定性。

②堆载预压。堆载预压的材料以散料为主，如土、石料、砂、砖等。大面积施工时通常采用自卸汽车与推土机联合作业。对超软地基的堆载预压，第一级荷载宜用轻型机械或人工作业。堆载预压工艺简单，但处理不当，特别是加荷速率控制不好时，容易导致工程施工的失败。因此必须严格控制加载速率，保证在各级荷载下地基的稳定性。基本控制标准：竖向变形每天不应超过 10mm，边桩水平位移每天不应超过 5mm，堆载面积要足够。堆载的顶面积不小于建筑物底面积；注意堆载工程中荷载的均匀分布，避免局部堆载过高导致地基局部失稳破坏。

(三)真空预压

真空预压法是在饱和软黏土地基中设置竖向排水通道（砂井或塑料排水带等）和砂垫层，在其上覆盖不透气密封膜。通过埋设于砂垫层的抽水管长时间不断地抽气和水，使砂垫层和砂井中造成负气压，而使软黏岩土层排水固结。适用于软黏土、粉土、杂填土、充填土、泥炭土地基等。

当抽真空时，先后在地表砂垫层及竖向排水通道内逐步形成负压，使土体内部与排水通道、垫层之间形成压差。在此压差作用下，土体中的孔隙水不断由排水通道排出，从而使土体固结。真空预压的抽气设备宜采用射流真空泵，抽空时必须达到 95kPa 以上的真空吸力，真空泵的设置应根据预压面积大小和形状、真空泵效率和工程经验确定，但每块预压区至少应设置两台真空泵。

密封膜应符合如下要求：密封膜应采用抗老化性能好、韧性好、抗穿刺性能强的不透水材料；密封膜热合时，宜采用双热合缝的平搭接，搭接宽度应大于 15mm；密封膜宜铺设三层，膜周边可采用挖沟折铺，平铺并用黏土覆盖压边、围埝沟内及膜上覆水等方法进行密封。

真空预压处理地基必须设置排水竖井。设计内容包括：竖井断面尺寸、间距、排列方式、深度的选择；预压区面积和分块大小；真空预压工艺；要求达到的真空度和土层的固结度；真空预压和建筑物荷载下地基的变形计算；真空预压后地基土的强度增长计算等。

地基土渗透性强时应设置黏土密封墙。黏土密封墙宜采用双排水泥土搅拌桩。搅拌桩直径不宜小于 700mm。当搅拌桩深度小于 15m 时，搭接宽度不宜小于 200mm；当搅拌桩深度大于 15m 时，搭接宽度不宜小于 300mm。成桩搅拌应均匀，黏土密封墙的渗透系数应满足设计要求。

一般采用袋装砂井或塑料排水带作为竖向排水体。真空预压处理地基时，必须设置竖向排水体，由于砂井（袋装砂井或塑料排水带）能将真空度从砂垫层中传至土体，并将土体中的水抽至砂垫层然后排出。若不设置砂井等就起不到上述的作用和达不到加固目的。抽真空的时间与土质条件和竖向排水体的间距密切相关，达到相同的固结度，间距越小，则所需的时间越短。

三、强夯法

强夯法又称动力固结法。用强夯法或强夯置换法处理的地基即为夯实地基，即反复将夯锤提到高处使其自由落下，给地基以冲击和振动能量，将地基土层夯实的处理方法。强夯法适用于处理碎石土、砂土、低饱和度的粉土与黏性土、湿陷性黄土、素填土和杂填土等地基。强夯置换法适用于高饱和度的粉土与软塑至流塑的黏性土等地基上对变形控制要求不严的工程。

(一) 加固原理

夯锤自由下落产生巨大的强夯冲击能量，使土中产生很大的应力和冲击波，致使土中孔隙压缩，土体局部液化，夯击点周围一定深度内产生裂隙，形成良好的排水通道，使土中的孔隙水（气）溢出，土体固结，从而降低土的压缩性，提高地基的承载力。

1. 密实作用

强夯产生的冲击波作用破坏了土体的原有结构，改变了土体中各类孔隙的分布状态及相对含量，使土体得到密实。另外，土体中多含有以微气泡形式出现的气体，其含量为1%~4%。实测资料表明，夯击使孔隙水和气体的体积减小，土体得到密实。

2. 局部液化作用

在夯锤反复作用下，饱和土中将引起很大的超孔隙水压力，随着夯击次数的增加，超孔隙水压也不断提高，致使土中有效应力减小。当土中某点的超孔隙水压力等于上覆的土压力时，土中的有效应力完全消失，土的抗剪强度降为零，土体达到局部液化。

3. 固结作用

强夯时在地基中产生的超孔隙水压力大于土粒间的侧向压力时，土粒间便会出现裂隙，形成排水通道，增大了土的渗透性，孔隙水得以顺利排出，加速了土的固结。

4. 触变恢复作用

经过一定时间后，由于土颗粒重新紧密接触，自由水又重新被土颗粒吸附而变成结合水，土体又恢复并达到更高的强度，即饱和软土的触变恢复作用。

5. 置换作用

利用强夯的冲击力，强行将碎石、石块等挤填到饱和软土层中，置换原饱和软土，形成桩柱或密实砂石层。与此同时，该密实砂石层还可作为下卧软弱土的良好排水通道，加速下卧层土的排水固结，从而使地基承载力提高，沉降减小。

（二）适用范围

强夯法适用于处理碎石土、砂土、粉土、黏性土、杂填土和素填土等地基，它不仅能提高地基土的强度，降低土的压缩性，还能改善其抗振动液化的能力和消除土的湿陷性，所以还可用于处理可液化砂土地基和湿陷性黄土地基等。但对于饱和软黏土地基，如淤泥和淤泥质土地基，强夯处理效果不显著，应慎重选用。

（三）施工

为使强夯加固地基得到预想的效果，强夯法施工应按正式的施工方案及试夯确定的技术参数进行。施工步骤如下：①清理并平整施工场地，标出第一遍夯点位置并测量场地高度；②起重机就位，使夯锤对准夯点位置，测量夯前锤顶高程；③将夯锤起吊到预定的高度，待夯锤脱钩自由下落后，放下吊钩，测量锤顶高程。若发现因坑底倾斜而造成夯锤歪斜时，应及时将坑底垫平；④重复③，按设计规定的夯击次数及控制标准，完成一个夯点的夯击；⑤重复②至④，完成第一遍全部夯点的夯击；⑥用推土机将夯坑填平，并测量场地高度，规定停歇间隔时间，使土中超静孔隙水压力消散；⑦按上述步骤逐遍完成全部夯击遍数，最后用低能量满夯将场地表层松土夯实，并测量夯后的场地高度。

1. 强夯过程的记录及数据

每个夯点的每击夯沉量、夯坑深度、开口大小、夯坑体积、填料量都须记录。场地隆起、下沉记录，特别是邻近有建（构）筑物时须详细记录。每遍夯后场地的夯沉量、填料量也要记录。附近建筑物的变形检测，孔隙水压力增长，消散检测，每遍或每批夯点的加固效果检测，为避免时效影响，最有效的是检验干密度，其次为静力触探，以便及时了解加固效果。满夯前应根据设计基底工程考虑夯沉预留量并平整场地，使满夯后接近设计高程。记录最后两击的贯入度，看是否满足设计或试夯要求值。

2. 施工注意事项

强夯的施工顺序是先深后浅，即先加固深沉土，再加固中层土，最后加固浅层土。在饱和软黏土场地上施工，为保证吊车的稳定，须铺设一定厚度的粗粒料垫层，垫层料的粒径不应大于 10cm，也不宜用细粉砂。还应注意吊车、夯锤附近人员的安全。

第二节 复合地基处理方法

一、复合地基

(一) 概述

复合地基是指天然地基在地基处理工程中为使部分土体得到增强，或被置换，或在天然地基中设置加筋材料，加固区是由基体（天然地基土体）和增强体两部分组成的人工地基。根据增强体的性质和布置方向，又可将复合地基进一步分为竖向增强体和水平向增强体。竖向增强体包括柔性桩（散体材料桩）复合地基及半刚性桩（水泥搅拌桩）复合地基。水平向增强体即加筋体复合地基。

由于人工增强体的存在，复合地基区别于天然地基；由于增强体与基体共同承担荷载的特性，复合地基也不同于桩基础。由于其组成和受力的复杂性，相对天然地基和桩基础，复合地基工作机理和计算理论的研究相对更加不完善，甚至可以说复合地基理论体系尚在形成和发展中。

1. 复合地基与桩基比较

桩身材料与强度。复合地基中桩有散体材料桩、柔性桩、半刚性桩和刚性桩；桩基中的桩均为刚性桩。桩与上部结构的连接方式，复合地基中桩体与基础不是直接相连的，它们之间通过垫层（碎石或砂石垫层）来过渡；而桩基中桩体与基础直接相连，两者形成一个整体。受力特性不同。复合地基的主要受力层在加固体内，由基体和增强体两部分共同承担上部荷载，协同工作；而桩基的主要受力层是在桩尖以下一定范围内，主要由桩体承担荷载作用。群桩效应问题。由于复合地基的理论的最基本假定为桩与桩周土的协调变形，因此，从理论而言，复合地基中也不存在类似桩基中的群桩效应。

2. 复合地基承载力

竖向增强体复合地基承载力计算的两种基本思路：一是将增强体和基体分开，分别确定各自承载力，再根据一定原则进行叠加，得到复合地基承载力；二是将增强体和基体组成的复合体作为一个整体，根据地基极限平衡理论确定复合地基承载力。

（二）一般规定

复合地基设计应满足建筑物承载力和变形要求。对于地基土为欠固结土、膨胀土、湿陷性黄土、可液化土等特殊土，设计时应综合考虑土体的特殊性质选用适当的增强体和施工工艺。复合地基设计应在有代表性的场地上进行现场试验或试验性施工，并进行必要的测试，以确定设计参数和处理效果，取得地区经验后方可推广使用。复合地基增强体应进行桩身完整性和承载力检验。复合地基承载力特征值应通过现场复合地基载荷试验确定，或采用增强体的载荷试验结果和周边土的承载力特征值根据经验确定。初步设计时，可按下列公式估算：

1. **对散体材料增强复合地基应按式（3-5）计算：**

$$f_{spks} = [1 + m(n - 1)]f_{sk} \qquad 式(3-5)$$

式中：

f_{spks} ——复合地基承载力特征值，kPa；

f_{sk} ——处理后桩间土承载力特征值（kPa），可按地区经验确定；

n ——复合地基桩土应力比，可按地区经验确定；

m ——面积置换率，$m = d^2/d_e^2$ 为桩身平均直径（m），d_e 为一根桩分担的处理地基面积的等效圆直径（m）。等边三角形布桩 $d_e = 1.05s$，正方形布桩 $d_t = 1.13s$，矩形布桩 $d_e = 1.13\sqrt{s_1 s_2}$，s、s_1、s_2 分别为桩间距、纵向桩间距和横向桩间距。

2. **对有黏结强度增强体复合地基应按式（3-6）计算：**

$$f_{spk} = \lambda m \frac{R_a}{A_p} + \beta(1 - m)f_{sk} \qquad 式(3-6)$$

式中：

λ ——单桩承载力发挥系数，可按地区经验取值；

R_a ——单桩竖向承载力特征值（kN）；

A_p ——桩的截面积（m^2）；

β ——桩间土承载力发挥系数，可按地区经验取值。

3. **增强体单桩竖向承载力特征值可按式（3-7）估算：**

$$R_a = u_p \sum_{i=1}^{n} q_{si} l_{pi} + \alpha_p q_p A_p \qquad 式(3-7)$$

式中：

u_p ——桩的周长（m）；

q_{si} ——桩周第 i 层土的侧阻力特征值（kPa），可按地区经验确定；

l_{pi} ——桩长范围内第 i 层土的厚度（m）；

α_p ——桩端端阻力发挥系数，应按地区经验确定；

q_p ——桩端端阻力特征值（kPa），可按地区经验确定。对于水泥搅拌桩、旋喷桩应取未经修正的桩端地基土承载力特征值。

4. **有黏结强度复合地基增强体桩身强度应满足式（3-8）规定：**

$$f_{\mathrm{cu}} \geqslant 3\frac{R_{\mathrm{u}}}{A_{\mathrm{p}}} \qquad 式(3-8)$$

式中：

f_{cu} ——桩体试块（边长 150mm 立方体）标准养护 28d 的立方体抗压强度平均值（kPa）。

当承载力验算基础埋深修正时增强体桩身强度还应满足式（3-9）规定：

$$f_{cu} \geqslant 3\frac{R_u}{A_p} + \gamma_m(d - 0.5) \qquad 式(3-9)$$

式中：

γ_m ——基础底面以上土的加权平均重度，地下水位以下取浮重度；

d ——基础埋置深度（m）。

二、灰土挤密桩法和土挤密桩法

土桩、灰土桩法加固原理：采用沉管法、爆扩法和冲击法在地基中设置土桩或灰土桩，在成桩过程中挤密桩间土，由挤密的桩间土和密实的土桩或灰土桩形成复合地基。适用于地下水以上的湿陷性黄土、杂填土、素填土等地基。挤密桩法是以振动、冲击或带套管等方法成孔，然后向孔中填入砂、石、土（或灰土、二灰、水泥土）、石灰或其他材料，再加以振实而成为直径较大桩体的方法。挤密桩属于柔性桩，而木桩、钢筋混凝土桩和钢桩属于刚性桩，两者的区别如表 3-2 所示。

表 3-2　刚性桩与柔性桩的区别

刚性桩	柔性桩
应力大部分从桩尖开始扩散	应力从地基开始扩散，组成桩与土的复合地基
应力传到下卧层时还是很大	应力传到下卧层时很小
如松软土层很厚时，若无较好持力层，则沉降还可能会很大，沉降速度较慢	创造了排水条件，初期沉降快而大，而后期沉降小，并加快了沉降速度

挤密桩主要靠桩管打入地基时对地基土的横向挤密作用，在一定的挤密功能作用下土粒彼此移动，小颗粒填入大颗粒的孔隙，颗粒间彼此紧靠，孔隙减小，此时土的骨架作用随之增强，从而使土的压缩性减小、抗剪强度提高。由于桩本身具有较高的承载能力和较大的变形模量，且桩体断面较大，占松软土加固面积的20%～30%，故在黏性土地基加固时，桩体与桩周土组成复合地基，可共同承担建筑物的荷载。

三、砂石桩复合地基

(一) 概述

碎石桩、砂桩和砂石桩总称为砂石桩，又称粗颗粒土桩，是指采用振动、冲击或水冲等方式在软弱地基中成孔后，再将碎石、砂或砂石挤压入已成的孔中，形成砂石所构成的密实桩体，并和原桩周土组成复合地基的地基处理方法。

桩孔垂直度偏差≤5%；孔的中线偏差≤桩距设计值的5%。砂石桩适用于挤密松散砂土、粉土、黏性土、素填土、杂填土地基。对饱和黏土地基上对变形控制要求不严的工程也可采用砂石桩置换。砂石桩也可用于处理可液化地基。砂石桩法分为振冲挤密法、沉管法、干振法。

(二) 加固机理

1. 对松散砂土和粉土的加固机理

砂石桩法加固砂性土地基的主要目的是提高地基土承载力、减少变形和增强抗液化性。砂石桩加固砂土地基抗液化的机理主要有三方面作用：

①挤密作用。砂土和粉土属于单粒结构，其组成单元为松散粒状体，渗透系数大，一般大于10^{-4}cm/s。单粒结构在松散状态时，颗粒的排列位置是极不稳定的，在动力和静力作用下会重新进行排列，趋于较稳定的状态。即使颗粒的排列接近较稳定的状态，在动力和静力作用下也将发生位移，改变其原来的排列位置。松散砂土在振动力作用下，其体积可减少20%。

②排水减压作用。对砂土液化机理的研究证明，当饱和松散砂土受到剪切循环荷载作用时，将发生体积的收缩和趋于密实，在砂土无排水条件时体积的快速收缩将导致超静孔隙水压力来不及消散而急剧上升。当砂土中有效应力降低为零时便形成了完全液化。碎石桩加固砂土时，桩孔内充填碎石（卵石、砾石）等反滤性好的粗颗粒料，在地基中形成渗透性能良好的人工竖向排水减压通道，可有效地消散和防止超孔隙水压力的增高和砂土产

生液化，并可加快地基的排水固结。

③砂基预震效应。相对密度 $D_t=0.54$ 但受过预震影响的砂样，其抗液能力相当于相对密度 $D_t=0.8$ 的未受过预震的砂样。即在一定应力循环次数下，当两试样的相对密度相同时，要造成经过预震的试样发生液化，所须施加的应力要比施加未经预震的试样引起液化所需应力值提高46%，从而得出了砂土液化特性除了与砂土的相对密度有关外，还与其振动应变史有关的结论。国外报道中指出只要小于0.074mm的细颗粒含量不超过10%，都可得到显著的挤密效应。根据经验数据，土中细颗粒含量超过20%时，振动挤密法对挤密而言不再有效。

2. **对黏性土的加固机理**

①置换作用。密实的砂石桩在软弱黏性土中取代部分软弱黏性土，形成复合地基，使承载力有所提高，地基沉降减少。载荷试验和工程实践证明，砂石桩复合地基承受外荷载时，发生压力向砂石桩集中的现象，使桩周围土层承受的压力减少，沉降也相应减小。砂石桩复合地基与天然软弱黏性土地基相比，地基承载力增大率和沉降减小率与置换率成正比关系。根据日本的经验，地基沉降减少70%~90%；根据我国在淤泥质亚黏土和淤泥质黏土中形成的砂石桩复合地基的载荷试验，在同等荷载作用下，其沉降可比天然地基减少20%~30%。

②排水作用。如果在选用砂石桩材料时考虑级配，则所制成的砂石桩是黏土地基中一个良好的排水通道，它能起到排水砂井的效能，且大大缩短了孔隙水的水平渗透途径，加速软土的排水固结，使沉降稳定加快。

总之，砂石桩作为复合地基的加固作用，除了提高地基承载力、减少地基的沉降量外，还可用来提高土体的抗剪强度，增大土坡的抗滑稳定性。

(三)施工

砂石桩施工可以采用振冲法、沉管法、冲击法、振动法等。下面主要介绍振冲法和沉管法两种施工方法。

1. **振冲法**

振冲法是指在振冲器和高压水的共同作用下，使松砂土层振密，或在软弱土层中成孔，然后回填碎石等粗粒料形成桩柱，并和原地基组成复合地基的处理方法。适用于处理砂土、粉土、粉质黏土、素填土和杂填土等地基。对于处理不排水抗射强度不小于20kPa的饱和黏性土和饱和黄土地基，应在施工前通过现场试验确定其适用性。

（1）施工步骤

①清理平整场地，布置桩位。

②施工机具就位，使振冲器对准桩位。

③启动水泵和振冲器，水压可用200~600kPa，水量可用200~400L/min，将振冲器徐徐沉入土中，造孔速度宜为0.5~2.0m/min，直至达到设计深度。记录振冲器经各深度的水压、电流和留振时间。

④造孔后边提升振冲器边冲水至孔口，再放至孔底，重复2~3次扩大孔径并使孔内泥浆变稀，开始填料制桩。

⑤大功率振冲器投料不提出孔口，小功率振冲器下料困难时，可将振冲器提出孔口投料，每次填料厚度不宜大于50cm。将振冲器沉入填料中进行振密制桩，当电流达到规定的密实电流值和规定的留振时间后，将振冲器提升30~50cm。

⑥重复以上步骤，自下而上逐段制作桩体直至孔口，记录各段深度的填料量、最终电流和留振时间，并均应符合设计规定。

⑦关闭振冲器和水泵。

（2）施工要点

为了保证桩顶部的密实，振冲前开挖基坑时应在桩顶高程以上预留一定厚度的土层。一般30kW振冲器应留0.7~1.0m，75kW振冲器应留1.0~1.5m，当基槽不深时可振冲后开挖。不加填料振冲加密宜采用大功率振冲器，为了避免造孔中塌砂将振冲器抱住，下沉速度宜快，造孔速度宜为8~10m/min，到达深度后将射水量减至最少，留振至密实电流达到规定值时，上提0.5m，逐段振密至孔口，一般每米振密时间约1min。在粗砂中施工如遇下沉困难，可在振冲器两侧增焊辅助水管，加大造孔水量，但造孔水压宜小。要保证振冲桩的质量，必须控制好密实电流、填料量和留振时间。

2. *沉管法*

沉管法过去主要用于制作砂桩，近年来已开始用于制作碎石桩，这是一种干法施工。沉管法包括振动沉管成桩法和锤击沉管成桩法两种。垂直上下振动的机械施工称为振动沉管成桩法，用锤击式机械施工成桩的称为锤击沉管成桩法，锤击沉管成桩法的处理深度可达10m。当用于消除粉细砂及粉土液化时，宜用振动沉管成桩法。

（1）施工机具

砂石桩机通常包括桩机架、桩管及桩尖、提升装置、挤密装置（振动锤或冲击锤）、上料设备及检测装置等部分。

（2）施工步骤

①振动沉管成桩法施工有一次拔管法、逐步拔管法和重复压拔管法三种。比较常用的是重复压拔管法，其成桩步骤如下：

A. 移动桩机及导向架，把桩管及桩尖对准桩位；

B. 启动振动锤，把桩管下沉到规定的深度；

C. 向桩管内投入规定数量的砂石料；

D. 把桩管提升一定的高度（下砂石顺利时提升高度为1～2m），提升时桩尖自动打开，桩管内的砂石料流入孔内；

E. 降落桩管，利用振动及桩尖的挤压作用使砂石密实；

F. 重复D、E工序，桩管上下运动，砂石料不断补充，砂石桩不断增高；

G. 桩管提至地面，砂石桩完成。

②锤击沉管成桩法施工有单管法和双管法两种，但单管法难以发挥挤密作用，一般采用双管法。双管法的施工根据具体条件选定施工设备，也可临时组配。其施工成桩步骤如下：

A. 将内外管安放在预定的桩位上，将用作桩塞的砂石投入外管底部；

B. 以内管做锤冲击砂石塞，靠摩擦力将外管打入预定的深度；

C. 固定外管将砂石塞压入土中；

D. 提内管并向外管投入砂石料；

E. 边提外管边用内管将砂石冲出挤压土层；

F. 重复D、E工序；

G. 待外管拔出地面，砂石桩完成。

其他施工控制和检测记录参照振动法施工的有关规定。此法优点是砂石的压入量可随意调节，施工灵活，特别适合小规模工程。

（3）施工顺序

对砂土地基，砂石桩主要起挤密作用，应间隔（跳打）进行，并宜由外围或两侧向中间推进；对黏性土地基，砂石桩主要起置换作用，为了保证设计的置换率，宜从中间向外围或隔排施工；在既有建（构）筑物邻近施工时，为了减少对邻近既有建（构）筑物的振动影响，应背离建（构）筑物方向进行。

（4）施工要点

①施工时桩位水平偏差不应大于3/10套管外径，套管垂直度偏差不应大于1%。

②施工中应选用能顺利出料和有效挤压孔内砂石料的桩尖结构。当采用活瓣桩靴时，对砂土和粉土地基宜选用尖锥形；对黏性土地基宜选用平底形；一次性桩尖可采用混凝土

锥形桩尖。

③应在施工中进行详细的观测和记录。观测内容包括桩管下沉随时间的变化，灌砂石量预定数量与实际数量，桩管提升和挤压的全过程（提升、挤压、砂石桩高度的形成随时间的变化）等。

④砂石桩施工完毕，当设计或施工投砂石量不足时地面会下沉；当投料过多时地面会隆起，同时表层0.5~1.0m常呈松软状态。

⑤砂石桩顶部施工时，由于上覆压力较小，因而对桩体的约束力较小，桩顶形成一个松散层，加载前应加以处理（挖除或碾压）才能减少沉降量，有效地发挥地基作用。

（5）单桩和复合地基载荷试验

在实际工程中，单桩和复合地基载荷试验是检验加固效果和工程质量的一种有效而常用的方法。一般可分为工程类载荷试验和试验类载荷试验两大类。工程类载荷试验是对工程质量和效果的检验，其检测数据不直接作为设计的依据，只是用以判断设计方案的正确性和施工质量。试验类载荷试验是提供工程设计的参数和确定质量检验的标准，其检测数据要求做到准确、可靠和有代表性，即试验要求比工程类载荷试验要更加严格。

第三节　桩基础绿色技术

一、桩基础的施工技术

(一) 桩基础概念和特点

基础分为浅基础和深基础，基础埋置深度<5m，或者基础埋深小于基础宽度的基础称为浅基础，比如：独立基础、条形基础、筏板基础、箱形基础等；基础埋置深度≥5m，或者基础埋深大于基础宽度的基础称为深基础，比如桩基础、沉井及地下连续墙等。

桩基础是深基础中的一种，由设置于岩土中的桩和与桩顶连接的承台共同组成的基础或由柱与桩直接连接的单桩基础。桩基础由上方的承台（承台梁）和下方的桩组成，利用承台和基础梁将深入土中的桩联系起来，以便承受整个上部结构重量。

桩基础因具有承载力高、稳定性好、沉降及差异变形小、沉降稳定快、抗震性能强及能适应各种复杂地质条件等特点而得到广泛使用。

(二) 桩基础类别

桩的种类繁多，按承载性状可分为端承型桩和摩擦型桩两种。端承型桩又分为端承桩和摩擦端承桩，端承桩是指在承载能力极限状态下，桩顶竖向荷载由桩端阻力承受，桩侧阻力小到可忽略不计的桩；摩擦端承桩是指在承载能力极限状态下，桩顶竖向荷载主要由桩端阻力承受的桩。摩擦桩又分为摩擦桩和端承摩擦桩，摩擦型桩是指在承载能力极限状态下，桩顶竖向荷载由桩侧阻力承受，桩端阻力小到可忽略不计的桩；端承摩擦桩是指在承载能力极限状态下，桩顶竖向荷载主要由桩侧阻力承受的桩。

按桩身的材料可分为钢桩、混凝土或钢筋混凝土桩、钢管混凝土桩等。

按形状可以分为方桩、圆桩、多边形桩等。

按成桩方法可以分为挤土桩［沉管灌注桩、沉管夯（挤）扩灌注桩、打入（静压）预制桩、闭口预应力混凝土空心桩和闭口钢管桩］、部分挤土桩［长螺旋压灌灌注桩、冲孔灌注桩、钻孔挤扩灌注桩、搅拌劲芯桩、预钻孔打入（静压）预制桩、打入（静压）式敞口钢管桩、敞口预应力混凝土空心桩和H型钢桩］、非挤土桩［干作业法钻（挖）孔灌注桩、泥浆护壁法钻（挖）孔灌注桩、套管护壁法钻（挖）孔灌注桩］等。

按桩径大小可以分为小直径桩（d≤250mm）、中等直径桩（250mm<d<800mm）、大直径桩（d≥800mm）等。

二、桩基础绿色技术概述

(一) 劲性复合桩技术

1. 劲性复合桩

许多沿海及内陆河流地区，广泛分布软弱土地基。软弱土通常指的是淤泥、淤泥质土、黏性土、人工填土等，此类土的特性是自然含水量高、孔隙比大、抗剪强度低、渗透系数低、压缩系数大。在外部竖向荷载的作用下，软弱土地基的承载力较低，沉降较大，且沉降持续的时间较长。在一些较厚的软黏土层上，持续沉降时间往往可以达到几年甚至数十年之久。

伴随着我们所处城市的不断发展，适用于建设的土层面积逐渐减少，越来越多的建筑物不得不选择在软弱土层上建造，采用天然地基一般难以达到承载力和沉降的设计要求，因此对软弱土层进行人工处理是至关重要的，通常采用复合地基来处理。

现阶段，水泥土搅拌桩被大量用于天然地基的处理。水泥土搅拌桩是通过水泥浆与桩身周围土体进行一系列物理化学作用后，固结硬化形成的水泥土桩体。水泥土搅拌桩在外部荷载作用下，桩身能够承受荷载的长度是有限的，我们称之为“有效桩长”。加上水泥土材料本身强度低、弹性模量小的特点，故用水泥土搅拌桩来处理软弱地基时对地基的承载力提高是有限的，一般情况下很难达到高层建筑对承载力及沉降的设计要求。水泥土搅拌桩施工过程中，水泥土搅拌的均匀性难以得到有效控制，桩身质量难以得到保证，易产生桩身质量不连续的安全隐患。

预应力混凝土管桩在大多数城市的多层建筑住宅中得到了大量使用，其可分为后张法预应力管桩和先张法预应力管桩。先张法预应力管桩是采用先张法预应力工艺和离心成型法制成的一种空心筒体细长的混凝土预制构件，主要由圆筒形柱身、端头板和钢套箍等组成。管桩按混凝土强度等级或有效预压应力分为预应力混凝土管桩和预应力高强混凝土管桩。预应力混凝土管桩较水泥土搅拌桩而言具有较高的桩身强度，在软黏土地区作为摩擦桩使用时，如果桩长过短，桩与桩身周围土层之间产生的侧摩擦力较低，桩身本身的强度也没有得到充分发挥，易造成材料浪费。研究表明，若管桩长度小于 20m 时，则桩身的承载力只发挥了混凝土材料本身所能提供的承载力的 50%甚至更低。

在处理软弱土层时，两种桩型各有优缺点：水泥土搅拌桩成桩过程中具有无噪声、无“挤土效应”、无污染等优点，但桩身所用材料强度低，限制了单桩承载力的提高，且施工过程中桩身质量难以控制；预应力混凝土管桩承载力较高，一般情况下，柱身材料强度还未充分发挥，桩与桩身周围土层之间的摩擦力已经达到极限，沉降量不断增大进而无法继续有效承担荷载，造成了桩身材料的浪费，提高了项目的工程造价，且管桩在成桩过程中会发生“挤土效应”。所以，我们希望找到一种更好的桩型，具有水泥土搅拌桩和预应力混凝土管桩的优点，不仅能够承担较高的竖向承载力，还能发挥桩身所用材料的强度，即用最为经济合理的桩基处理方法来满足高层建筑物对地基承载力及沉降的设计要求。劲性复合桩是由水泥土搅拌桩和芯桩两部分组成。施工时，先用搅拌桩机钻孔注浆搅拌，在搅拌后的水泥土未初凝之前植入预制管桩构成劲性复合桩。劲性复合桩利用其水泥土搅拌桩的较大比表面积来提供侧摩阻力，上部建筑物的竖向荷载主要由高强度的芯桩承担，是一种经济合理的软弱土地基处理方法，且成桩过程便捷，无“挤土效应”，桩身质量可以得到有效控制，对周围环境也不会产生任何污染。

2. 劲性复合桩的构造

劲性复合桩是一种近年随着施工技术不断发展而产生的一种新型基桩形式。劲性复合桩施工技术则是由散体桩（S）、水泥土类桩（M）、混凝土类桩（C）等通过一定的工艺，将两种或三种单体桩进行复合，形成复合桩的一项技术。在岩土工程的实际应用中，单一桩型有一定的局限性；砂石桩等散体材料桩对软弱地基处理后承载力提高幅度不大，水泥土类桩的桩身强度受土质、施工工艺影响较大。预应力管桩在软土中单桩承载力较低，尤其是水平承载力较低。因此将常用的 S 桩、M 桩、C 桩三种单一桩型相互复合，后一种桩体在前一种桩体上进行再次施工，形成互补增强的劲性复合桩型。目前劲性复合桩施工技术已在江苏、浙江、上海等地得到推广应用。

劲性复合桩除可用于建筑工程外，还可用于复合地基和基坑支护工程。劲性复合桩应用时，应详细了解场地工程地质和水文地质条件，了解土层形成年代和成因，掌握土的工程性质，特别是穿越土层和桩端土层的类别与性质，确保 M 桩的桩身强度，并结合工程经验进行计算分析。由于岩土工程分析中计算条件的模糊性、信息的不完整性、计算方法的局限性和各种假想边界条件的不确定性，不能完全精确计算出桩基础的承载力、沉降量、稳定性等指标，需要工程师在计算分析结果和工程经验类比的基础上综合判断，并通过现场荷载试验确定。复合桩设计应在充分了解功能要求、荷载的性质与大小和掌握必要资料的基础上，通过设计条件的概化，先定性分析，再定量分析，从技术方法的适宜性和有效性、施工的可操作性、质量的可控制性、环境限制及经济性等多方面进行论证，然后选择一个或几个方案，进行必要的计算、验算和试验，通过比较分析逐步完善设计。

3. 劲性复合桩的构造特点

劲性复合桩按照构造可分为散柔复合桩、散刚复合桩、柔刚复合桩和三元复合桩，本次所研究的劲性复合桩属于柔刚劲性复合桩，即在水泥土搅拌桩初凝之前，在其中心植入一根小直径的管桩构成劲性复合桩。

（1）管桩内芯

管桩所用混凝土等级不低于 C80，所用预应力钢筋应采用抗拉强度不小于 1420MPa、35 级延性的低松弛预应力混凝土用螺旋槽钢棒，在管桩工厂标准化生产制造，根据混凝土有效预压应力值可分为 A 型、AB 型、B 型、C 型。PHC 管桩为等截面桩，与钢管作为内芯相较具有强度高、压缩量低的特点，具有更好的经济效益。

（2）水泥土搅拌桩外芯

水泥土搅拌桩是通过搅拌桩桩机将软土和固化剂搅拌形成的一个坚硬整体，具有一定的强度和稳定性。水泥土搅拌桩的水泥掺入量和水灰比对管桩内芯和水泥土搅拌桩外芯、水泥土搅拌桩和桩周土之间的摩擦力有影响，一般水泥掺入量为 12%～18%，水灰比为 0.8～1.2。

4. 劲性复合桩桩侧摩阻力和端阻力的影响因素

为了提高单桩的承载力，对桩侧摩阻力和端阻力的发挥性状及影响因素进行研究分析，揭示桩的内在作用机理是非常有必要的。

（1）桩侧摩阻力的影响因素

桩侧摩阻力是单桩承载力性能发挥的一个重要影响因素，桩侧阻力与桩周土土层的力学性质和土层埋深有关，大量试验及数据模拟分析表明，桩侧摩阻力受到较大因素的影响。通过对现有参考资料的研究结论，主要从以下七方面进行汇总。

①桩周土的性质：在竖向荷载作用下，桩身与桩周土之间发生相对变形，进而产生了桩侧摩阻力，因此桩侧摩阻力的发挥效果取决于桩周土的性质。通常情况下，桩周土的强度越大，其相应的桩侧摩阻力发挥效果越明显。

②桩-土相对位移：桩侧摩阻力的发挥程度与桩-土之间的相对位移有着紧密联系。由于桩身轴力沿着土层深度的增大而递减，故其桩周土的压缩程度和桩-土之间的相对位移也在不断地减小，在某一位置桩身轴力会减小至零，此时桩的侧摩阻力也为零。随着竖向荷载的不断增加，该零点的位置也随之下移，在一定深度范围内，桩侧摩阻力的变化与深度变化正好呈现相反的趋势，即随着竖向荷载的增加，桩侧摩阻力最大值出现的位置在不断地向下移动，且数值也会越来越大。

③桩侧向有效压应力：根据试验数据研究分析可得，桩-土之间的荷载传递与桩周土压力有关，而桩身表面粗糙程度对其荷载传递几乎没有影响。该试验表明桩周土压力对单桩承载力的提高有着重要的影响。

④桩的几何特征：桩周土和桩端土的摩阻力的发挥程度随着桩身几何特征的改变而有所不同，桩侧摩阻力的发挥也受到了很大的影响。桩的总摩阻力与其比表面积（桩身表面积与体积之比）成正比，故可通过增大桩身的比表面积来提高桩的总承载力，如楔形桩、十字形桩等。在平时常见的土层中，由于土层松弛效应的存在，所以小直径桩的桩侧摩阻力一般不会受到自身桩径的影响，可以忽略不计。对于直径大于800mm的桩，桩径对桩侧摩阻力的影响是必须考虑的。在黏性土中，桩侧摩阻力随着桩径的增大而变小；在砂石、碎石等一类无黏性土层中，桩侧摩阻力最大值发挥时所需要的位移远远大于常规直径的桩。

⑤桩的刚度系数：柱的刚度系数k的定义是：桩身模量和桩侧土模量的比值。桩侧摩阻力沿桩身的分布形式和情况取决于桩自身的刚度系数。当桩身的几个参数固定不变时，随着刚度系数递减，桩身上段部分靠近桩顶截面位置的位移会增大，接近桩端截面位置的位移会减小，故桩侧摩阻力沿桩身自上而下呈递减分布。当刚度系数较大时，桩身各个截面处的位移近乎相同，且桩身最大侧摩阻力出现在桩顶下一定深度的截面处，即该桩能够将桩顶承受的荷载沿桩身传递至更深的土层处。

⑥群桩效应：当群桩桩距在2~4d（d为桩径）时，桩侧摩阻力已经发挥至单桩相应

数值后，仍随着桩顶沉的增长而增大。

⑦时间效应：根据在成桩过程中是否发生“挤土效应”可将桩分为挤土桩和非挤土桩。桩身侧摩阻力的发挥程度取决于桩周土的有效应力。挤土桩在施工过程中会扰乱桩身周围土层进而产生超孔隙水压力，使得桩身侧摩阻力会相应减小。随着时间的推移，超孔隙水压力会慢慢消散，同时桩侧摩阻力也会相应地增大。非挤土桩由于在成桩过程中不会发生“挤土效应”，故桩周土层不会产生超孔隙水压力，所以时间效应可以忽略不计。

（2）桩端摩阻力的影响因素

①桩端土层的性质：桩端阻力取决于桩端持力层土层的力学性质和类别。例如高强度、低压缩性的砂、砾层作为持力层是比较理想的，可以为桩身提供很高的端阻力；而低强度、高压缩性的软土可以提供的端阻力较小，且桩身可能会发生突进型破坏。桩端以不同性质的土层作为持力层的破坏形式也有所不同：以密实、高强度的砂砾土作为持力层时，桩身有可能出现整体的剪切破坏；以松散、低强度的软黏土作为持力层时，桩身有可能发生刺入式剪切破坏。

②桩侧土层的性质：桩周土层的力学性质对端阻力的发挥也存在一定的影响，这种影响在嵌岩桩中的体现尤为显著。众多国内外学者通过大量实验数据证明：嵌岩桩的嵌岩段的轴力会随着深度的增加而减小，递减的速率与岩石的强度和弹性模量有关。深径比在5~10时端阻力逐渐递减为零，嵌岩段桩身轴力的递减速率随着该段内岩石强度的增大而增大。当桩侧土层不是岩土层时，桩身轴力的递减速率取决于土层的坚硬程度，决定了桩端阻力的发挥程度。

③尺寸效应：桩的单位极限端阻力与桩端埋深有关，但与桩身直径没有关系。

④桩的设置方法：挤土桩在施工过程中会使桩端土层发生挤密现象，从而使得桩端阻力得到提高，在桩身承受竖向荷载的初期其沉降较小。非挤土桩在施工过程中在桩端处不会发生“挤土效应”，桩端土层被扰动，使得桩底存在大量虚土，导致桩端阻力大大降低，在桩身承受竖向荷载的初期沉降较大。

⑤荷载加载速率：在软黏土层中，桩端阻力受到荷载加载速度的影响较小，可以忽略不计；在砂土中，荷载加载速度提升到原来的1000倍，桩端阻力的增量大致为20%。

（二）静钻根植桩技术

1. 静钻根植桩

采用单轴钻机进行钻孔、扩底，注入桩端和桩周水泥浆，然后将植入桩植入已成孔内形成的基桩。

2. 静钻根植桩基本要求

①静钻根植桩适用于填土、淤泥、淤泥质土、黏性土、粉土、砂土、碎（砾）石土、全风化岩、强风化岩及中风化软质岩等地层。

②静钻根植桩基础设计、施工前，应具备下列资料：

A. 场地与环境条件，包括邻近建（构）筑物的分布及其地基基础情况，周边地下管线分布情况等；

B. 场地的岩土工程勘察报告；

C. 上部结构类型、结构安全等级、荷载分布及性质；

D. 对桩基础的沉降和水平变形的控制要求；

E. 施工机械进退场及现场运行条件；

F. 沉桩设备的性能及施工工艺对地质条件的适应性等。

③植入桩的桩身，桩接头的防腐处理应符合下列规定：

A. 在地下水位变动区内，当地下水对钢筋混凝土结构中的钢筋具有中、强腐蚀性时，位于该部位的植入桩桩身外侧面应涂刷环氧涂层；

B. 在长期浸水条件下，对防腐有特别要求时，桩接头处可涂刷环氧涂层；

C. 用作抗拔桩时，桩接头处宜涂刷环氧涂层。

3. 桩基构造

①钻孔直径应大于植入桩外径，钻孔直径与植入桩外径之差不应小于 50mm 且不应大于 150mm。

②当持力层为可塑~硬塑黏土、中密~密实粉土、砂土、砾（卵）石或全风化岩、强风化岩时，桩端宜扩底；当持力层为极软中风化岩时，桩端可扩底。

③桩端扩底时，扩底部位的扩底直径不宜大于钻孔直径的 1.6 倍，扩底高度不宜小于钻孔直径的 3 倍。

④单根桩接头数量不宜大于 4 个。

⑤承受较大水平荷载作用时，最上部的桩接头与桩顶的距离不应小于 10m。

⑥植入桩与承台的连接应符合下列规定：

A. 当桩径小于 800mm 时，桩顶嵌入承台内的长度不宜小于 50mm；桩径不小于 800mm 时，桩顶嵌入承台内的长度不宜小于 100mm。

B. 宜采用在端板上焊接连接钢板，再将锚固钢筋与连接钢板焊缝连接的方式；也可采用转换螺栓接头连接锚固钢筋和端板的方式。

C. 对抗压桩，可根据需要在桩孔内填芯插筋，填芯混凝土长度不宜小于1.0m。

D. 对抗拔桩，当上拔力较大时，应在桩孔内填芯插筋，柱顶填芯混凝土长度不宜小于3m。

E. 锚固钢筋锚入承台内的长度，对抗压桩不宜小于35倍锚固钢筋直径，对抗拔桩应符合现行国家标准《混凝土结构设计规范》（GB 50010—2010）的有关规定，且不宜小于40倍锚固钢筋直径。

F. 截桩时，应将须截除的桩节内的钢筋保留并锚入承台，当最上节为PRHC桩且非预应力钢筋长度不满足锚固长度要求时，可在非预应力钢筋上焊接或机械方式连接钢筋后锚入承台。

⑦对抗压桩，填芯混凝土应采用与承台或基础梁同强度等级的混凝土；对抗拔桩，填芯混凝土强度等级应高于承台或基础梁一级，且不得低于C30。

⑧承台的构造应符合现行行业标准《建筑桩基技术规范》（JGJ 94—2008）的有关规定。

⑨作为防腐层的环氧涂层的厚度不应小于300μm，涂层沿桩身方向超出预制桩裙板的长度不应小于50mm。

4. **施工**

①施工前应根据相关要求编制施工组织设计方案。

②施工前应通过试成孔确认钻孔过程状况、持力层状况、施工设备能力、施工时间等。

③施工中应配备相关记录仪器，对钻孔深度、钻孔速度、钻机电流、扩底尺寸及注浆等进行监控并存储数据。

④施工安全和文物、环境保护等应按有关规定执行。

5. **主要机具设备**

①应根据地质条件、周边环境条件、成桩深度、桩径等选用桩机、水泥浆系统等机具设备。

②桩机应符合下列规定：

A. 单轴钻机应采用专用钻机，输出扭矩应满足成孔的需求；

B. 钻杆直径不宜小于270mm；

C. 钻孔深度大于最大单节钻杆长度时，钻杆应具有接杆功能；

D. 钻杆及其叶片构造应满足成桩过程中使水泥浆和土搅拌均匀的要求；

E. 钻杆叶片宜由螺旋叶片和搅拌叶片组成，搅拌叶片的间距不宜大于800mm；

F. 采用扩底工艺时，钻头部位应能够依靠液压回路进行可控的扩大和收拢；

G. 桩架应具有垂直度监控和调整的功能。

③水泥浆系统应符合以下规定：

A. 水泥浆搅拌系统应包括搅拌桶、储浆桶、注浆泵、水泥储罐、螺旋输送机、水箱等；

B. 注浆泵的工作流量应可调节；

C. 应配置拌浆和注浆的计量装置。

6. **成桩工艺**

①静钻根植桩的施工应先按照设计要求进行钻孔和扩底，然后注入桩端水泥浆和桩周水泥浆，最后将桩植入钻成孔内至设计标高。

②钻孔施工应符合下列规定：

A. 孔位允许偏差为20mm，钻杆垂直度允许偏差为0.5%；

B. 应根据孔径、钻进速度及地质情况调整水或外加剂混合液的用量；

C. 应根据钻进速度和钻机电流变化，结合岩土工程勘察报告判断进入持力层情况；

D. 钻至设计深度后宜进行2~4次孔体的修整。

③扩底应根据地质情况，分3~5次逐步扩大至设计扩底直径。

④注浆应符合下列规定：

A. 水泥浆的水灰比及用量应满足设计要求；

B. 注浆速度应与钻杆升降速度相匹配；

C. 应先在孔底处注入桩端水泥浆设计用量的1/3，然后反复提升、下降钻头将剩余2/3水泥浆注入扩底部位，钻头提升、下降幅度为扩底部位的高度；

D. 桩端、桩周水泥浆注入后应与土体搅拌混合均匀；

E. 注浆终止位置应保证植桩后含水泥的浆液溢至设计桩顶标高。

⑤接桩应符合下列要求：

A. 接桩应采用CO_2气体保护焊焊接或机械连接；

B. 采用机械接头接桩时，应根据相关规定使全部连接件可靠连接；

C. 应采用工具将已沉桩节固定，然后吊装上节桩。

⑥植桩应符合下列要求：

A. 桩的植入应和注浆保持连续，植桩应在桩端水泥浆初凝前完成；

B. 植桩时，应采用检测尺对桩进行定位，桩位允许偏差为30mm；

C. 植桩时，桩的垂直度允许偏差为0.5%；

D. 当最后一节桩沉至地面附近时，应采用送桩器将桩进行固定、校正和送桩。

第四节　地基基础技术绿色发展研究

一、MJS地基加固技术

近年来，随着我国经济水平的不断提高，城市建设也随之高速发展，地上楼层高度和地下室深度不断被刷新，各大城市纷纷投资兴建地铁、隧道等地下市政设施。在此情况下，地基的加固成为保证工程安全和迅速施工必不可少的措施。

目前上海地区主要的地基加固方法有：高压旋喷注浆法、深层搅拌法、注浆法、SMW工法等。这些土体加固方法都有一个共同的特点：施工过程中会对周边产生较大的挤土效应，会产生地面隆起、地表开裂等，影响周围建筑物、构筑物、市政管线的正常使用，甚至产生较为严重的破坏。尤其是目前大城市的地下构筑物已相当密集，随着城市的发展，仍然需要不断建设新的地下构筑物。

在密集的建筑丛中进行地基加固，急需一种微扰动、可控性强的地基加固方法。MJS工法的问世很好地解决了这一难题，该工艺是一种微扰动注浆施工技术，对周边建筑物、构筑物影响小，可控性强，能有效地确保周边建筑物及市政设施的安全。

（一）MJS工法原理

全方位高压旋喷注浆工法（Metro Jet System，MJS）是在原来高压喷射注浆法的基础上，采用独特的多孔管和前端强制吸浆装置，实现了孔内强制排浆和地内压力监测，并通过调整强制排浆量来控制地内压力，使深处排泥和地内压力得到合理控制，使地内压力稳定，也就降低了在施工中出现地表变形的可能性，大幅度减少对环境的影响，而地内压力的降低也进一步保证了成桩直径。和传统旋喷工艺相比，MJS工法减少了施工对周边环境的影响。

在施工过程中，当压力传感器测得的孔内压力较高时，可以通过油压接头来控制吸浆孔的开启大小，从而调节泥浆排出量使其达到控制土体内压力值范围。大幅度减少对环境的影响，避免出现挤土效应，也就大大减少了施工中出现地表变形、建筑物开裂、构筑物位移等情况。

（二）MJS 工艺特点

MJS 工法与传统的高压喷射注浆工法相比较，有如下特点：

1. 排浆方式不同

MJS 工法具有强制吸浆装置，强制排走施工过程中产生的废浆，可以通过吸浆管选择较好的排浆场所，对周边环境污染少。而传统的高压喷射注浆，废浆是利用气升效果，通过注浆管与原状土的环状空隙排出地表自流，受排浆场所限制较大，不利于环境保护。

2. 对周边环境影响小

MJS 工法钻头前端安装有压力传感器装置，排浆量可以根据孔内压力进行调节。而传统高压喷射注浆法没有配备压力传感装置，也无法调节孔内压力，会因为挤土效应对周边产生相对较大影响。

3. 成桩直径大、质量好

MJS 工法采用约 40MPA 的超高压喷射，注浆流量在 90～130L/min，提升速度在 2.54cm/min，一般可形成直径 2.5m 左右的加固柱体。由于是直接采用超高压水泥浆液喷射成桩的，再加上稳定的同轴高压空气的保护和对地内压力的调整，使得成桩质量较好。

4. 加固深度大

根据厂方资料，MJS 工法最大有效加固深度可达 100m，在上海地区试验，约 50m 深度处开挖外露桩径可达 2.5m。

5. 适应性强

可在净高 3.5m 以上隧道内、室内及相对狭小的空间施工，适应性强。

6.“全方位”进行高压喷射注浆施工

MJS 工法可以进行水平、倾斜、垂直各方向，5～360 度的施工。

（三）MJS 工法主要施工设备

1. 主机

现阶段国内 MJS 工法施工一般均采用 MJS-65VH 和 MJS-40VH 型设备，其为全液压可旋转形式。

2. 超高压喷射注浆泵

MJS 工法超高压喷射注浆施工一般均采用 GF-120SV 型设备，要求注浆压力大于

40MPA 时，一般采用 GF-200SV 型设备。GF-120SV 型设备功率为 90kW，最大输出压力为 40MPA，注浆流量为 120L/min。

3. 预成孔（削孔水和倒吸水）高压水泵

MJS 工法预成孔施工一般均采用 GF-75SV 型设备，该设备功率为 55kW。

4. 前端装置（相当于钻头）

MJS 前端装置即相当于普通高压旋喷桩的钻头部分，主要由削孔水喷嘴、浆液喷嘴、压力传感器和排泥阀门等组成。

5. 多孔管

由排泥管、高压喷射水泥浆管、备用管、倒吸空气管 2 路、主空气管、油压接头、压力传感器线路管、削孔喷水管和多孔管连接螺栓孔组成。多孔管单节长度一般为 1.5m，外径为 14cm。

6. 中央控制装置

在 MJS 工法的施工过程中，采集了大量施工数据，可以在中央控制系统装置中反映，供技术人员参考，做到了信息化和可视化。

7. 其他配套设备

（1）拌浆设备

现阶段在国内施工 MJS 工法桩时，水泥浆液的拌制大多采用与三轴搅拌桩拌浆相同的全自动拌浆系统。

（2）起重设备

施工 MJS 工法桩时，起重设备将根据施工现场的条件而配置，现场条件好、空间大，则基本采用汽车吊或履带吊；如在室内或隧道内施工，则根据现场情况设置起重设施。

（3）引孔设备

在施工深度较浅及地质条件较好的情况下，一般 MJS 无须采用引孔施工；反之，则需要先引孔后施工。MJS 引孔设备一般采用工程地质钻机，现阶段使用较多的为 GPS-10 或 GPS-15 型钻机等。

(四) MJS 主要施工工艺介绍

1. MJS 工法施工

（1）钻机引孔

根据施工图纸准确放样施工桩位，并经监理复核确认，然后将引孔机械就位，建筑工程中一般采用工程钻机（GPS-10 或 GPS-15）进行引孔，并采用循环泥浆护壁。引孔一般要略大于外套管直径或钻杆直径，如外套管直径为 24cm，则一般引孔直径约为 40cm。

（2）下放外套管

引孔至设计标高后，采用吊车或专用设备将外套管连接后下放到孔内。因外套管在起拔过程中有可能会被卡住，需要千斤顶起拔，故制作的套管要比平常施工钻孔灌注桩用的灌浆导管壁厚大，接头螺纹要多。一般制作外套管的内径大约为 20cm（壁厚 1cm 左右），单节长度为 3~4m。

（3）回拔外套管

在外套管顺利下放到设计底标高后，回拔一定高度外套管，以便于 MJS 高压喷射注浆施工。外套管下放到底再回拔的目的是检验引孔的质量，确认是否有塌孔情况，防止喷射注浆施工时发生埋钻现象。

（4）下放钻杆

外套管下放完成后，MJS 工法设备就位，连接钻头和地内压力监测显示器，确认在钻头无荷载的情况下清零。对接钻杆和钻头，对接时认真检查密封圈情况，看其是否缺失或损坏，查看地内压力是否显示正常。

（5）MJS 高压喷射注浆至外套管底部

钻头到达预定深度后，先开回流气和回流高压泵，在确认排浆正常后，打开排泥阀门，开启高压水泥浆泵和主空压机，在达到指定压力并确认地内压力正常后，再开始提升，直至外套管底部，施工时，密切监测地内压力，压力不正常时，必须及时调整。

（6）再次将外套管上提一定高度

提出全部 MJS 钻杆，再次将外套管上提一定高度。

上提外套管的高度根据现场施工情况而定，上提高度原则是确保不塌孔、不埋钻。

（7）再次下钻杆，喷射注浆到外套管底部

再次在外套管中下放 MJS 钻杆，使钻头底部超过上次喷浆高度 50cm，以确保两次喷射注浆的有效连接。

（8）提出全部外套管

再次下钻杆，喷射注浆至设计标高，移位至下一根桩。

2. MJS 的适用范围

①作为止水帷幕。

②地基土加固。

③距离地铁、保护建筑和其他重要建筑物、构筑物较近的隔离保护等。

④地面无施工条件的各类地基加固（水平与倾斜施工）。

二、GS 土体硬化剂加固软土地基技术

GS 土体硬化剂是一种新型的土壤改良材料，它能够通过与土壤中的黏性物质发生反应，使得土壤变得更加坚固和稳定。该技术已经被广泛应用于道路、桥梁、隧道等工程中，取得了较好的效果。

（一）基本原理

GS 土体硬化剂主要由聚合物和其他助剂组成，其作用机理如下：

1. 聚合物能够与土壤中的黏性物质发生反应，形成一种均匀分布在整个土层内部的网状结构。

2. 这种网状结构可以增加土层的强度和稳定性，并且能够有效地提高其抗渗性和抗冲刷性。

3. 此外，GS 土体硬化剂还可以提高土层的可塑性和延展性，并且具有较好的环保性能。

（二）应用范围

GS 土体硬化剂适用于以下场合：

1. 各类路面工程：包括公路、城市道路、机场跑道等。

2. 桥梁、隧道、堤坝等工程：可以用于加固地基，增加土体的稳定性。

3. 绿化工程：可以用于改良土壤，提高植物的生长环境。

（三）应用方法

GS 土体硬化剂的应用方法如下：

1. 前期准备：首先需要对施工现场进行清理，确保土层表面干燥、平整。如果有较大的坑洞或者沟渠，需要先进行填平。

2. 测量和标记：根据实际情况测量出需要处理的区域，并且在地面上进行标记，以便后续施工。

3. 混合和喷洒：将 GS 土体硬化剂与水按一定比例混合后，使用喷雾器将其均匀地喷洒在需要处理的区域上。一般来说，每平方米需要使用 0.5~1L 的 GS 土体硬化剂溶液。

4. 反应和固化：GS 土体硬化剂与土壤中的黏性物质反应后，会产生一种新的结构。

这个过程需要一段时间才能完成，在此期间需要注意不要对已经处理过的区域进行任何活动。

5. 整理和养护：在反应和固化完成后，需要对处理过的区域进行整理和养护。具体方法包括：清理表面杂物，保持表面干燥，避免重物碾压等。

(四) 注意事项

在 GS 土体硬化剂的应用过程中，需要注意以下几点：

1. 施工前需要对现场进行彻底清理，确保土层表面干燥、平整。

2. 混合和喷洒时需要按照一定比例进行，以确保效果。

3. 施工后需要对处理过的区域进行整理和养护，避免对其造成影响。

4. 在使用 GS 土体硬化剂时需要注意安全问题，避免接触皮肤或者吸入其挥发物。

5. 如果施工过程中出现任何问题，应该及时停止施工并且联系专业人员进行处理。

GS 土体硬化剂是一种新型的土壤改良材料，它可以有效地提高土层的强度和稳定性，并且具有较好的环保性能。在实际应用中，需要按照一定的规程进行操作，并且注意安全问题。通过合理使用 GS 土体硬化剂，可以为道路、桥梁等工程提供更加稳定和可靠的基础。

三、建筑渣土资源化利用

在中国城镇化进程中，建筑行业得到快速发展，建筑规模不断扩大，随之产生的建筑垃圾成为影响生态环境的重要因素。根据中国城市环境卫生协会测算，近年来中国大中城市的建筑垃圾年产生量超过 20 亿吨，一直居高不下。处理量方面，目前建筑垃圾处理量在 17.5 亿吨左右，预计到 2026 年处理量将超过 20 亿吨。建筑渣土是建筑垃圾的主要来源，这已经成为阻碍城市发展的代谢产物。在国家碳达峰、碳中和的目标背景下，通过建筑垃圾的资源再生利用，节约大量资源，节省建筑材料再生产过程，保护生态环境和产生经济效益，成为建筑垃圾处理的发展方向。

当前我国建筑渣土体量大，但利用率不足 10%，建筑渣土资源化利用成为新的热点，北京、浙江、河南、湖南、山东、陕西、安徽、贵州、广东等地纷纷出台政策，鼓励建筑垃圾循环再利用。堆填消纳是传统处置方式，资源化是未来建筑渣土处置的发展方向。

(一) 技术介绍

1. 泥浆脱水固化

泥浆脱水固结除了可以在专门的厂区内，也可以在项目场地内建设投产。现场生产设备可以根据需求批量成套配置，以便提高生产效率。其工艺流程图见图 3-2。

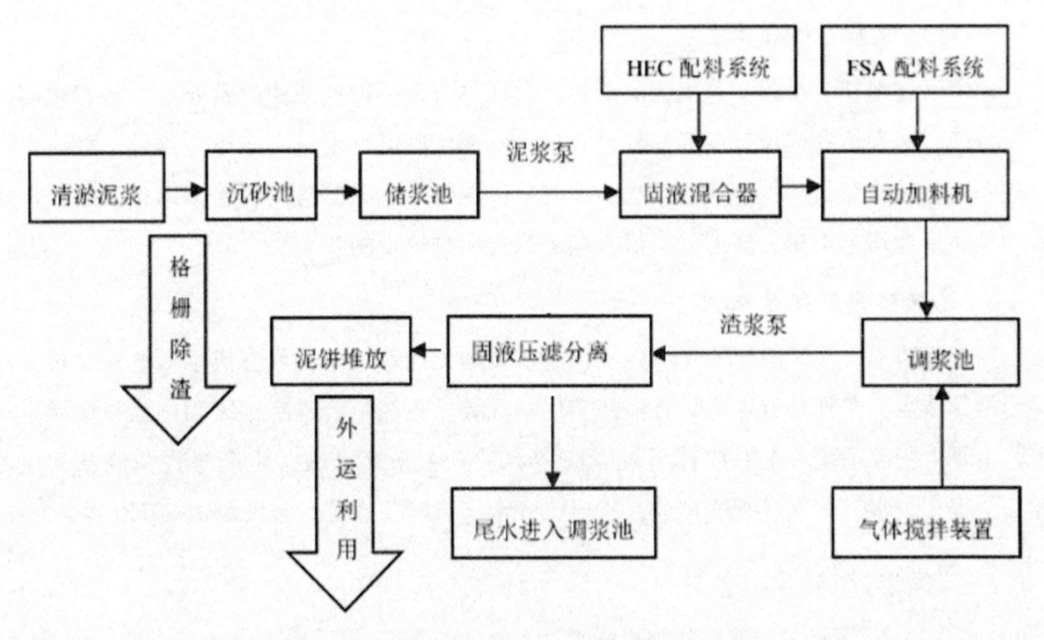

图 3-2 泥浆脱水固结一体化处理工艺流程图

2. 淤泥土原位固化

淤泥、淤泥质土等软弱土体可以在原位进行固化处理。渣土分类、破碎、改良一次性完成，实现工程的流水线连续作业。固化添加剂配比灵活，配备专业技术人员须做到“一批次一配方”，实现主要性能指标可调可控。添加剂清洁环保，无毒无害，不会引起生物退化，不会造成对设备的腐蚀，无须特殊的安全防护。

（二）资源化利用方式

1. 固化土路基水稳层

经过脱水工艺，建筑渣土、泥浆形成的泥饼含水率在 20%左右，通过添加不同级配的骨料，可代替水稳层（灰土）作为道路的路基固化土（底基础层）使用。固化土路基材料具有良好的水稳定性、不易开裂、降低综合造价、施工简单便捷的特点。无侧限抗压强度可达到 1.5MPa 以上（通常用 0.8MPa），水稳定系数 0.8 以上。

2. 固化土沟槽基础回填

工程渣土、泥浆固化土用于沟槽、基础回填可以看作是固化土用于路基、水稳层的简版应用。主要是替代素土、灰土、砂、砂石等材料用于场地平整回填、基坑（槽）或管沟回填、基坑和室内回填、柱基回填平整等。通过合理调整配合比，可以在尽可能降低其他掺料的情况下达到设计要求，并降低成本。处治后可达到基坑、铁路、地铁 B 组以上（良好集料）回填料的要求。

3. **绿化营养土种植土**

泥饼经过搅拌、粉碎、有机物的配料，做成具有良好种植使用的营养土，具有很高的使用价值，对于植物成长有良好的促进效果。营养土既可以批量用于市政园林工程，也可以进一步包装成商品销售。营养土送至检测单位进行了相关的检测，检测结果表明，该土各项检测指标均小于相关规定的限值，满足绿化用种植土的要求。

4. **免烧砖预制挡墙块材**

用工程渣土、泥浆制作的免烧砖、预制拼装固化挡墙块材，具有成本低、寿命长、环保耐用等特点，尤其是道砖更具有经济实用的优势。免烧砖、预制拼装固化挡墙块材生产工艺主要由粉碎系统、配料搅拌系统、成型养护三个系统完成。生产过程免烧结，免蒸养，全程无废水、废气、废渣排放，省电、省水、省时、省工。强度可达 MU10 以上。

(三) 发展趋势

1. 建筑渣土再利用的发展方向是轻质、高强、水稳定性；
2. 通过缩减生产步骤、降低系统复杂程度、提高机械化程度，进一步提高生产效率；
3. 将建筑渣土作为一种矿产、土地类资源，扩展其在矿山综合整治、绿色矿山建设、矿山生态修复、土地复垦方面的应用；
4. 拓展渣土及其他软弱土现场固化技术，适应更广的应用范围；
5. 充分利用废弃的资源、能源，变害为利是建筑渣土再利用中普遍使用的原理。

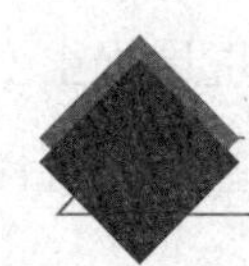

第四章　基坑支护技术及绿色发展研究

第一节　基坑支护的力学原理

随着城市建设的发展及地下空间的开发利用，大规模的基坑工程越来越多。由于基坑周边环境不同及基坑的复杂性，如何选择合理、安全、经济的基坑支护方案就成为广大设计人员共同关心的问题，基坑支护的力学原理也显得尤为重要。

一、基坑的力学特性分析

(一) 基坑变形的规律分析

受开挖卸荷的扰动，处于平衡状态的基坑岩土，其状态将发生急剧变化，随之出现了一系列与岩土特性、基坑规模、扰动程度等密切相关的力学效应，即开挖卸荷效应。在开挖扰动之后，坑底影响范围内岩土（含地下水）所出现的一切微观和宏观状态的改变，均属于开挖卸荷效应的范畴。

总的来说，开挖卸荷效应主要包括：岩土参数的改变、应变场的变化、土压力及变形的时空差异、岩土流变、土压力大小和方向随坑壁位移的非线性变化、坑周出现不同的变形区域、卸荷拱效应、坑壁内倾、坑底隆起、地表沉陷、地下水位水质及渗透强度的变化等。

开挖卸荷效应的最终体现形式，就是岩土变形在时间和空间上的非均衡变化，而变形分析是基坑支护设计和施工控制的基础，所以，对开挖卸荷效应的准确认识，对分析基坑的力学特性及确保基坑的安全稳定，具有重要意义。

(二) 基坑变形分区的概念模型

1. 坑周岩土状态与分区

基坑开挖后，坑壁会与支护结构一起发生变形，从而带动坑周岩土的变化。

边坡与基坑工程的支护技术研究变形和移动。坑周岩土的变形或移动，除了会引起土压力的变化之外，还可能在坑周形成不同的变形区域。

有学者提出了一个包含弹性区、过渡区、塑性区的计算模型，并成功用于坑周岩土变形的分析。还有一些多是通过数值模拟和理论分析相结合的方法对开挖扰动后基坑的特性进行讨论，很少给出一个形象的概念模型。

根据开挖后坑周岩土的变形规律及发展趋势，可以建立一个包括未扰动区、弹性区、塑性区、破坏区在内的基坑开挖卸荷后的平面分区概念模型，如图 4-1 所示。

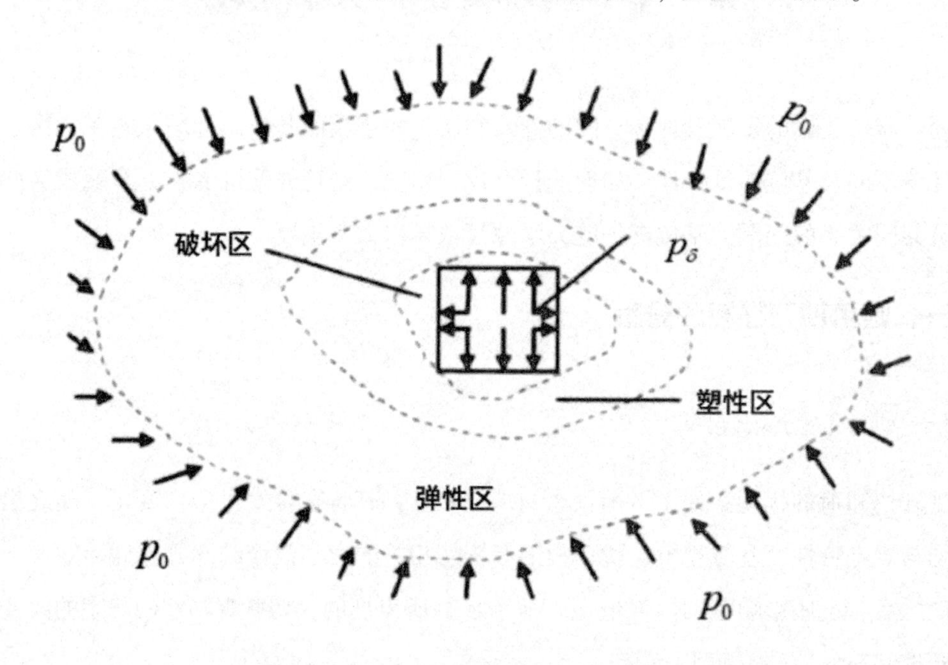

图 4-1　基坑开挖卸荷后的平面分区概念模型

未扰动区的岩土，不受基坑开挖卸荷后的影响，仍然处于天然平衡状态，其内部土压力为静止土压力 p_0。

弹性区只发生弹性变形，但因受扰动影响的不同，各点的弹性变形并不一致，从未扰动区向坑壁方向上，弹性变形逐渐增加，到弹性区和塑性区的边界处，弹性区的弹性应变发展到最大。

塑性区同时出现弹性变形和塑性变形，弹性变形和应力状态成正比；在弹性区和塑性区的交界处开始出现塑性应变，在塑性区和破坏区的交界处，塑性变形发展到最大。破坏区的变形发展到破坏面，岩土开始发生破坏变形。

坑壁处的土压力 p_δ 等于支护作用力，坑壁位移量 δ 为坑周弹性区、塑性区、破坏区的累积变形量。

如图 4-1 所示的概念模型，是基坑周围各变形区域在平面上的一个形象分区表示。而且随着基坑开挖卸荷的增加，即施工阶段的推进，各变形区的边界是不断向外扩展的。

2. 坑周岩土状态的变化

开挖前，坑周岩土处于天然平衡状态，坑周均为未扰动区域。刚开挖扰动时，坑周一定范围内的岩土开始产生变形，由于受到的扰动还很小，变形区域很小且变形量也很小，这部分变形为弹性变形。

随着开挖卸荷量的增加，受扰动影响的区域不断向外扩大，从而带动更远的未扰动区发生变形，较远的区域由于开始受扰动影响较小，发生的变形亦较小，为弹性变形，即相当于原来的弹性区边界向外扩展了；靠近基坑一侧原来的弹性变形区域，由于扰动增加，变形不断累积，当累积变形达到一定程度后，岩土发生塑性屈服，开始出现塑性变形。

如果继续增加扰动，坑周累积变形量进一步增大，使更多的未扰动区域受到扰动而发生弹性变形，一部分原来的弹性区因累积变形超过弹性极限而变为塑性区，即塑性区和弹性区同时随扰动的增加而向基坑外侧扩展。

靠近基坑一侧的部分塑性区，由于变形的进一步发展，其累积变形最后发展到破坏面，土体开始出现破坏。

在进一步开挖而支护能力不足的时候，更多的塑性区便可能发展成破坏区域，使基坑发生大面积的破坏。如果支护及时且支护刚度足够，会使受到扰动而出现的变形得到很好的抑制，便不会发生破坏变形，甚至不会出现塑性变形。

破坏意味着岩土可能发生失稳，进而引发事故灾害，是一种极为不利的状态。在以下的分析中，均假定不允许出现破坏现象，即暂不考虑存在破坏区的情形。

（三）流变力学模型

1. 距离成变率的计算

通常意义上的应变率表示单位时间内应变变化的大小，可以写成：

$$\dot{\epsilon}_1 = \frac{\partial \varepsilon}{\partial t} \qquad 式(4-1)$$

为了区分，又称 $\dot{\epsilon}_1$ 为时间应变率。与之类似，在考虑距离的流变模型中，定义应变随距离的变化关系为距离应变率，即：

$$\dot{\epsilon}_d = \frac{\partial \varepsilon}{\partial x} \qquad 式(4-2)$$

式中，$\dot{\epsilon}_d$ 为单位距离内应变变化的大小。在数学意义上，距离应变率和应变梯度是完全相同的一个概念，但在这里，距离应变率赋有不同的物理意义，表征的是接下来所提出的距离流变元件的应变特性。

2. 坑周力学距离变化

开挖扰动后，各个区域的变形及土压力随距离的变化关系如图 4-2 所示。图中，曲线 abc 表示土压力随距离的变化关系，曲线 ABC 表示应变随距离的变化关系。d_e 为未扰动区域至弹塑性边界的长度，即弹性区的大小；d_p 为未扰动区域至坑壁的距离，其大小等于 h 。则塑性区的大小可以表示成 $d_p - d$ 。

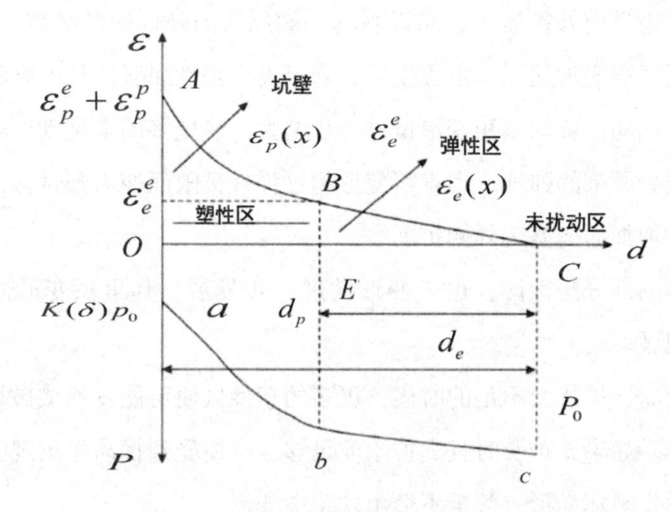

图 4-2　坑周土压力和变形随距离的演变

未扰动区不受开挖卸荷的影响，其土压力为静止土压力。受开挖卸荷的扰动，弹性区 CE 段开始发生弹性变形，随着距离的增加，弹性应变 $\varepsilon_e(x)$ 逐渐增大，到弹塑性边界点 E 处，弹性区的弹性应变增大至 ε_e^e , ε_e^e 可以通过极限应力 σ_s 和弹性模量 E 表示成 $\frac{\sigma_s}{E}$ 。随着距离的继续增加，塑性区 EO 段开始出现塑性变形，且塑性区应变 $\varepsilon_p(x)$ 同样随着距离的增加而不断增大，在坑壁处，塑性区总的应变增大至最大 $\varepsilon_p^e + \varepsilon_p^p$ 。ε_p^e、ε_p^p 可以根据坑壁岩土的应力历史和荷载状态通过试验或者公式确定。

(四) 基坑共同变形

1. 基坑共同变形的组成

在土压力的作用下，开挖后处于临空状态的坑壁将带动坑后岩土向开挖一侧发生移动。很多研究表明，坑壁的位移不仅会引起土压力分布和基坑空间性状的差异，而且，坑周一定范围内岩土的变形，均与坑壁位移存在密切的关系。

支护结构的施加，使得坑壁、坑周岩土的这种变形和移动趋势逐渐减缓下来。但支护结构并非绝对刚性，其支护能力的发挥有一个逐步增大的过程，随着支撑的压缩和围护结构的挠曲，坑壁、坑周变形将进一步增大。另外，支护的支撑能力和围护结构抗弯能力也在逐渐增加，抵抗坑壁变形和移动的能力相应增大，坑壁位移尽管仍然增加，但增加的趋势逐渐减小。当支护结构的支护能力增大到和坑壁的侧压作用相当时，坑壁位移增加的速度减小至零，坑壁位移量不再增加。

因此，基坑共同变形分析主要包括对坑周岩土的变形、坑壁即围护结构的变形、支撑的变形，以及对这些变形之间的协调耦合关系进行分析。

2. *基坑共同变形的关键*

坑壁位移和坑周岩土的变形之间存在一定的对应关系。在坑内一侧，坑壁在支撑连接处移动多少，与之固结的支撑等则被迫压缩多少，即坑壁的位移和支撑等的变形也存在一定的耦合关系。所以，在基坑共同变形分析时，可以建立“坑壁—坑周”和“坑壁—支撑”两个相对独立的系统。

由此可以看出，基坑共同变形的关键是对坑壁位移量的分析。知道了坑壁位移的大小，即可确定坑周岩土及支撑拉锚等的变形量。

3. *坑壁位移的组成部分*

以坑壁的位移为研究对象，由于开挖卸荷作用和岩土的流变特性，基坑开挖后，在支护安装之前的坑壁必然会发生一定的位移，即坑壁初始位移量。

支护安装后，土压力通过围护结构作用于支护，从而使支护产生一定的压缩，支护的压缩变形，必然引起坑壁位移量的进一步增加，这部分坑壁位移为因支护压缩而引起的位移量。

坑壁一侧分布荷载，另一侧在多个集中荷载的联合作用下，非绝对刚性的围护结构也将产生一定的挠曲变形，进而引起坑壁位移量的增加，这部分坑壁位移为因围护结构柔性变形而引起的位移量。

以上三部分坑壁位移量叠加的结果，就是基坑坑壁最终总的位移量。

4. *基坑共同变形的简化*

（1）基坑共同变形简化的假设

为了便于分析和简化计算，提出以下几点假设。

①支撑为直线形弹性杆件，且支撑纵向压缩变形引起的横向变形可以忽略；

②由初始位移、支撑压缩、围护结构挠曲等引起的坑壁变形之间不相互影响；

③在坑壁移动和转动时，土压力作用点和支撑点的位置均不发生变化；

④不考虑施工过程的影响，土压力、支撑力等按等值梁法进行分析计算。

（2）安装前坑壁的初始位移量

支撑安装前坑壁位移的大小或发展趋势，可以按照有关的研究成果，对基坑顶部已发生的初始位移进行计算。以主动侧为例，坑壁土压力和位移、时间之间的非线性关系可以表示成：

$$p_\delta = p_0 - K_h \cdot \delta \qquad 式(4-3)$$

$$p_\delta = p_0 + e^{-nt}(p_a - p_0) \qquad 式(4-4)$$

式中，p_a 为主动土压力，K_h 为非线性的关系函数，n 为与岩土流变特性相关的系数，t 为从刚开始开挖卸荷到计算时刻的时间，其他符号意义同前。

根据式（4-3）和式（4-4）可以得到坑壁位移与时间之间的对应关系：

$$\delta = \frac{e^{-nt}(p_0 - p_a)}{K_h} \qquad 式(4-5)$$

根据式（4-5）可确定任意时刻土压力作用点处坑壁所发生的位移量 δ。

（3）初始位移量引起坑壁位移的分布

假定围护结构绕坑壁下部某点 O' 转动，按等值梁法，转动点 O' 即为反弯点。设转动点 O' 距离基坑顶部为 H，坐标原点 O 取于基坑顶部，坐标方向如图 4-3 所示，δ_0 为基坑顶部发生的水平初始位移量。

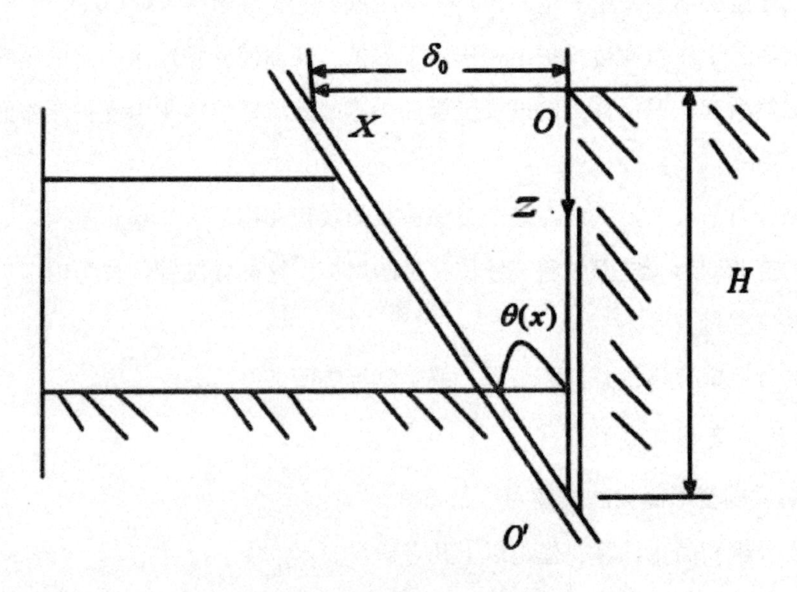

图 4-3　坑壁初始位移量分析

由于基坑初始位移而在基坑深度方向引起的坑壁位移量分布为：

$$x = -\frac{z}{H}\delta_0 + \delta_0 \qquad \text{式(4-6)}$$

如果转动点 O' 在基坑开挖面以上，则因基坑初始位移而在基坑深度方向引起的坑壁位移量为：

$$x = \frac{z}{H}\delta_0 + \delta_0 \qquad \text{式(4-7)}$$

此处仅以转动点位于基坑开挖面以下的情形进行说明。

另外，为了进一步简化，也可以结合岩土的流变特性及开挖暴露的时间，对 δ_0 进行经验取值，岩土易于流变且暴露时间越长，取值越大；反之，取值越小。

（4）支撑压缩引起的坑壁位移量

设基坑共使用了 n 道支撑，从坑顶向下依次为 a_1，a_2，…，a_n，支撑承受的轴力分别为 N_1，N_2，…，N_n，支撑点到转动点 O' 的距离分别为 h_1，h_2，…，h_n。

支撑的压缩量可以统一表示成：

$$\varepsilon_i = \frac{N_i l_i}{EA_i}(i = 1,\ 2,\ \cdots,\ n) \qquad \text{式(4-8)}$$

以支撑点在深度 Z 轴方向上的坐标为区间，则在基坑深度范围内，由支撑压缩引起的坑壁位移量可分段表示为：

$$\begin{cases} x = \varepsilon_1(0,\ H - h_1) \\ x = \dfrac{\varepsilon_i - \varepsilon_{i+1}}{h_{i+1} - h_i}z + \dfrac{(H - h_i)\varepsilon_{i+1} - (H - h_{i+1})\varepsilon_i}{h_{i+1} - h_i} \quad (H - h_i,\ h_{i+1}) \\ i = 1,\ 2,\ \cdots,\ n - 1 \\ x = -\dfrac{\varepsilon_n}{h_n}z + \dfrac{\varepsilon_n}{h_n}H(H - h_n,\ H) \end{cases} \qquad \text{式(4-9)}$$

（5）围护结构变形引起的坑壁位移量

把围护结构视作弹性地基梁，各支撑点看作铰支连接。以支撑点和反弯点在深度 Z 轴方向上的坐标为区间，对各区间围护结构的挠曲变形进行计算，所求得的挠曲线即为围护结构柔性变形引起的坑壁位移。

由于反弯点和各支撑点间围护结构的挠曲线形状直接受坑后土压力的影响，而坑后土压力的分布规律和土层、地下水状态、岩土性质等因素有关，因此需要具体情况具体考虑。这里假定各区段挠曲线形状分别为：

$$\begin{cases} x = x_0(z)(0,\ H - h_1) \\ x = x_i(z) \quad (H - h_i,\ H - h_{i+1})i = 1,\ 2,\ L,\ n - 1 \\ x = x_n(z)(H - h_n,\ H) \end{cases} \qquad \text{式(4-10)}$$

（6）坑壁总的位移量计算

坑壁总的位移量为坑壁初始位移量、支撑压缩引起的坑壁位移量和围护结构挠曲变形引起的位移量的总和。

沿基坑深度 Z 轴方向叠加，即为分段表示的基坑坑壁最终位移量的计算式。

$$\begin{cases} x = -\dfrac{\delta_0}{H}z + x_0(z) + \delta_0 + \varepsilon_1(0,\ H - h_1) \\ x = C_i z - x_i(z) + D_i(H - h_i,\ H - h_{i+1}) \\ i = 1,\ 2,\ \cdots,\ n - 1 \\ x = -\dfrac{H_{\varepsilon_n} + h_n\delta_0}{Hh_n}z + x_n(z) + \dfrac{H_{\varepsilon_n} + h_n\delta_0}{h_n}(H - h_n,\ H) \end{cases} \qquad \text{式}(4-11)$$

其中，

$$C_i = \frac{(\varepsilon_i - \varepsilon_{i+1})H - (h_{i+1} - h_i)\delta_0}{(h_{i+1} - h_i)H}$$

$$D_i = \frac{(h_{i+1} - h_i)\delta_0 + (H - h_i)\varepsilon_{i+1} - (H - h_{i+1})\varepsilon_i}{(h_{i+1} - h_i)}$$

式（4-11）即为分段表示的基坑坑壁最终位移量的计算式。

二、土与支护的作用分析

（一）接触面的非线性弹性

1. 非线性弹性的构建思想

通过对土与支护结构间的相互关系分析发现，土与支护结构之间存在的接触带和接触带内部土体变形已经被众多研究人员所认可。当接触带切向应力较小时，会产生剪切变形；当接触带切向应力较大时，切向变形将无限延伸。对基坑支护中土与支护结构研究时，可提出非线性弹性—理想塑性模型（NEPP）。在此模型中，利用双曲线非线性弹性模型表示屈服前解析表面上非线性剪切特性，利用完全塑性理论对屈服后接触带的错动变形进行表示。

2. NEPP 模型弹性塑性矩阵

根据弹性塑性理论，可以将接触带内土体的变形划分成塑性变形和非线性变形两种，增量可表示为 $\{d\varepsilon\} = \{d\varepsilon^c\} + \{d\varepsilon^p\}$；接触带和弹性应变关系可以表示为 $\{d\sigma\} = [D_e]\{d\varepsilon^e\}$。

如果不考虑切向和法向耦合，可以将接触面弹性系数矩阵表示成：

$$D_e = \begin{bmatrix} D_{nn} & \cdots & 0 \\ \vdots & & \vdots \\ 0 & \cdots & D_{ss} \end{bmatrix}$$

式中，D_{nn} 为界面向量，其与法向相对位移具有曲线关系；D_{ss} 为界面切向模量，是切向应力的函数。

（二）接触带单元非线性有限元计算

1. **接触带单元厚度确定**

接触带单元厚度确定是影响计算精确度的主要因素。只有合理确定好接触带单元厚度，才能真实地反映存在的情况。相关人士经过研究，将接触带单元范围控制在 0.01~0.10。虽然此范围比较合理，但是由于确定时难以把握，而且单元厚度与单元长度及错动位移有联系，因此，取值时应该取最小值。接触带单元厚度不仅和以上因素有关，还与荷载外界条件有很大联系。进行单位厚度确定时，可以利用试算法进行确定，将厚度确定为 0.01B、0.02B、0.10B，并将其和实际测量值进行比较。

2. **非线性迭代方法**

我们可以使用非线性迭代方法对接触面的应力—应变非线性关系进行计算，主要使用修正牛顿—拉夫逊（Ncwton-Raphson）方法进行迭代计算。将接触面两侧物体按弹性模型计算，用 i 表示施加荷载次数，计算如下。

第一，完成第 $i-1$ 次增加计算后，可以将此区域屈服函数不等式表示为 $f(\sigma_{i-1}) \leqslant$ 0W0，如果将应力、应变和位移表示为 σ_{i-1} 、ε_{i-1} 、u_{i-1} ，接触带单元应力矩阵可以表示为 D_{i-1}^{c} ；

第二，施加荷载后，可以得到弹性位移增量为 ΔU_i ；

第三，根据弹性位移增量对线性应变求解，与前一步施加真实又叠加为 $\sigma_i = \sigma_{i-1} + \Delta\sigma_i^e$ ，最后根据运算得出塑性系数；

第四，根据应力矩阵和屈服函数得出流动向量，并计算塑性矩阵；

第五，确定塑性矩阵后，求出等效节点荷载；

第六，求出残差力 $R_f = f_i - F_i$ ，得出不平衡残差力产生的额残差位移；

第七，计算总位移，根据非线性弹性应力矩阵得出弹塑性系数矩阵，同时完成全部增量；

第八，计算出节点位移、应变和应力。

第二节　加筋土与基坑动态支护技术

一、加筋土支护技术概述

（一）加筋土挡土墙的构成

加筋土挡土墙一般由面板、加筋材料、填料、基础等主要部分组成。

1. **面板**

在加筋土挡土墙结构中，面板的作用是防止填土侧向挤出、传递土压力及便于筋带固定布设，并保证填料、筋带和墙面构成具有一定形状的整体。

面板不仅要有一定的强度以保证筋带端部土体的稳定，而且要具有足够的刚度，以抵抗预期的冲击和震动作用，还应有足够的柔性，以适应加筋体在荷载作用下产生的容许沉降所带来的变形。因此，面板设计应满足坚固、美观及运输与安装方便等要求。

2. **加筋材料**

加筋材料是加筋土结构的关键部分，正是因为加筋材料的研究开发才使加筋土技术得以广泛应用和不断发展。筋带的作用是承受垂直荷载和水平拉力，并与填料产生摩擦力。因此，筋带材料必须具有以下特性。

①抗拉能力强，延伸率小，蠕变小，不易产生脆性破坏；

②与填料之间具有足够的摩擦力；

③耐腐蚀和耐久性能好；

④具有一定的柔性，加工容易，接长及与面板连接简单；

⑤使用寿命长，施工简便。

筋带在土中随着时间推移，有锈蚀或老化的可能，这时面板抗拒外力的能力减弱。加筋土挡土墙的稳定主要靠土体本身的自立作用。因此，不宜在急流、波浪冲击及高陡山坡使用加筋土挡土墙。必须设置时，水位以下部分的墙体应采用其他措施，如重力式挡土墙或浆砌片石防护等。

筋带一般应水平放置，并垂直于面板。当两根以上的筋带固定在同一锚接点上时，应在平面上呈扇形错开，使筋带的摩擦力能够充分发挥。但当采用聚丙烯土工带时，在满足抗拔稳定性要求的前提下，部分为满足强度要求而设置的筋带可以重叠。当采用钢片和钢筋混凝土带时，水平间距不能太宽，否则筋带的增加效果将出现作用不到的区域。参照国外经验，可取最大间距为 1.5m。

3. 填料

加筋土填料是加筋体的主体材料，由它与筋带产生摩擦力。填料的选取直接关系到工程结构的安全和工程造价，为此，各国都对加筋土的填料规定了自己的土工标准（包括填料的力学标准和施工标准）。规定填料的土工标准是为了充分发挥土与加筋材料间的摩擦作用，以保证筋—土复合体的整体和结构的安全稳定。加筋土技术的发展使得其填料选择范围越来越大，选择填料应以就近为原则，易取、价廉、能达到施工标准，其基本要求如下。

①易于填筑与压实；

②能与筋带产生足够的摩擦；

③满足化学和电化学标准；

④水稳定性好。

填料的化学和电化学标准，主要为保证加筋的长期使用和填料本身的稳定。加筋体严禁使用泥炭、淤泥、腐殖土、冻土、盐渍土、硅藻土及生活垃圾等，填料中不应含有大量有机质。对于采用聚丙烯土工带的填料中不宜含有两价以上的铜、镁、铁离子及氯化钙、碳酸钠、硫化物等化学物质，因为它们会加速聚丙烯土工带的老化和溶解。

加筋土挡土墙的基础一般情况下只在面板下设置条形基础，宜用现浇混凝土或块石砌筑。当地基为土质时，应铺设一层小厚度的沙砾垫层。如果地基土质较差，承载力不能满足要求，应进行地基处理，如采用换填、改良及补强等措施。

在岩石出露的地基上，一般可在基岩上打一层混凝土找平，然后在其上砌筑加筋土挡土墙。若地面横向坡度较大，则可设置混凝土或浆砌石台阶基础。

（二）加筋土支护的作用原理

1. 摩擦加筋原理

在加筋土结构中，由填土自重和外力产生的土压力作用于面板，通过面板上的拉筋连接件将此压力传递给拉筋，并企图将拉筋从土中拉出，而拉筋材料又被土压住，于是填土与拉筋之间的摩阻力阻止拉筋被拔出。因此，只要拉筋材料具有足够的强度，并与土产生足够的摩阻力，则加筋土体就可以保持稳定。从加筋土中取一微分段 d_l 进行分析，设由土的水平推力在该微分段拉筋中所起的拉力 $d_\tau = T_1 - T_2$（假定拉力沿拉筋长度呈均匀分布），垂直作用的土重和外荷载法向力 N，拉筋与土之间的摩擦系数为 f^*，拉筋宽度为 b，作用于长 d_l 的拉筋条上、下两面的垂直力为 2Nbd，拉筋与土体之间的摩擦阻力即为 $2Nf^* bd_l$，如果 2Nfbdt>dr，则拉筋与土体之间就不会产生相互滑动。这时，拉筋与土体之间好像直接相连似的发挥着作用。如果每一层加筋均能满足上式的要求，则整个加筋土结构的内部抗拔稳定性就得到保证。

在加筋土结构物中拉筋常常呈水平状态，相间、成层地铺设在需要加固的土体中。如果土体密实，拉筋布置的竖向间距较小，上、下拉筋间的土体能因为加筋对土的法向反力和摩擦阻力在土体颗粒中传递（由拉筋直接接触的土颗粒传递给没有直接接触的土颗粒），形成与土压力相平衡的承压拱。这时，在上、下筋条之间的土体，除了端部的土体不稳定外，将与拉筋形成一个稳定的整体。同理，如果左、右拉筋的间距不大，左、右拉筋间的土体也会在侧向力的作用下，通过土拱作用，传递给上、下拉筋间已经形成的土拱，最后也由拉筋对它的摩擦阻力承受侧压力，于是，除端部的土体外，左、右拉筋间的土体也将获得稳定。

加筋土的成拱条件非常复杂，特别是在拉筋间距较大而填土的颗粒细小，以及土体的密实度不足的情况下，这时，在拉筋间的土体比较难以形成稳定的土拱，拉筋间的土体将失去约束而出现塌落和侧向位移。所以，用作支挡结构物时，加筋土结构应在拉筋端部加设墙面板，用以支挡不稳定的土体，承受拉筋与土体之间的摩擦阻力未能克服的剩余土压力，并通过连接件传递给拉筋。

摩擦加筋原理由于概念明确、简单，在加筋土挡土墙的足尺试验中得到较好的验证。因此，在加筋土的实际工程中，特别是高模量（如金属条带加筋）加筋土挡土墙中得到较广泛应用。但是，摩擦加筋原理忽略了筋带在力作用下的变形，也未考虑土是非连续介质，具有各向异性的特点。所以，该原理对高模量的加筋材料，如金属加筋材料比较适用；而对加筋材料本身模量较小、相对变形较大的合成材料（如塑料带等），其结果则是近似的。

2. 准黏聚力原理

加筋土结构可以看作各向异性的复合材料，通常采用的拉筋，其弹性模量远远大于填土的弹性模量。在这种情况下，拉筋与填土的共同作用，包括填土的抗剪力、填土与拉筋的摩擦阻力及拉筋的抗拉力，使加筋土的强度明显提高。

加筋土的基本应力状态：在没有拉筋的土体中，在竖向应力 σ_1 的作用下，土体产生竖向压缩和侧向膨胀变形。随着竖向应力的加大，压缩变形和膨胀变形也随之加大，直到破坏。如果在土体中设置水平方向的拉筋，则在同样的竖向应力 σ_1 的作用下其侧向变形大大减小甚至消失。这是由于水平拉筋与土体之间产生摩擦作用，将引起侧向膨胀的拉力传递给拉筋，使土体侧向变形受到约束。拉筋的约束力 σ_R 相当于在土体侧向施加一个侧向力 $\Delta\sigma_3$，其关系也可用莫尔圆表示。莫尔圆Ⅰ为土体没有破坏时的弹性应力状态，莫尔圆Ⅱ则是未加拉筋的土体极限应力状态。莫尔圆Ⅲ是加筋土体的应力状态，土体加入高弹性模量的拉筋后，拉筋对土体提供了一个约束阻力 σ_R，即水平应力增量 $\Delta\sigma_3(=\sigma_R)$，使侧向压力减小，亦即在相同轴向变形条件下，加筋土能承受较大的主应力差（图 4-4）。这还可以通过常规三轴试验中的应力变化情况来表示。

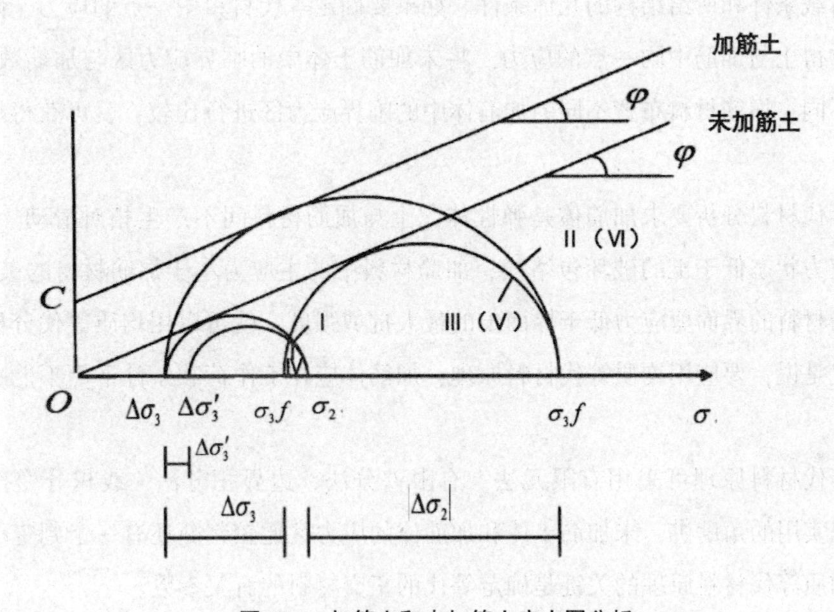

图 4-4　加筋土和未加筋土应力圆分析

图中莫尔圆Ⅳ为无筋土极限状态的莫尔圆；莫尔圆Ⅵ为加筋土的莫尔圆，莫尔圆Ⅵ的 σ_3 与莫尔圆Ⅳ相等，而能承受的压力则增加了 $\Delta\sigma_1$；莫尔圆Ⅴ为加筋土填土的极限莫尔圆，其最大主应力却减少了 σ_3。上述分析说明，加筋土体的强度有了增加，应该有一条新的抗剪强度线来反映这种关系，这已经被试验所证实。土中加筋砂与未加筋砂的强度曲线几乎完全平行，说明 φ 值在加筋前后基本不变，加筋砂的力学性能的改善是由于新的复合土体（加筋砂）具有“黏聚力”，“黏聚力”不是砂土固有的，而是加筋的结果，所以称为“准黏聚力”。

从上面加筋土工作原理分析可知，在加筋土工程中，加筋材料与土的界面摩擦指标作为力学指标之一，对加筋土的设计、计算有着直接影响，所以加筋与土的界面摩擦指标是关键的技术指标。

3. 均质等代材料原理

加筋体是内填料土与加筋材料层层交替铺设而成的复合体，每一加筋材料和每一层填土形成一个单元层，每层相互平行且间距相等，因此，可将加筋体看作交替正交层系。加筋体由很多的单元层组成，加筋体的厚度（正交层系）与单元层相比要厚得多。假定各单元层的分层界面上无相对位移，每一层中三个均质材料的平面垂直于一个直角坐标轴，而且层面必须平行于一个弹性对称面，那么这种交替正交层系可以用等代均质材料的理论来分析，以研究加筋土在工作荷载作用下的性状。

为计算加筋体中的应力分布，需要确定等代材料与加筋层系统的均质正交材料的性质、有关荷载条件和所给结构的几何条件。如果要确定等代材料中一点的应力，则可用正交层理论求得土与加筋中同一点的应力。将未加筋土体中的临界应力区与加筋数量不同、加筋方向不同、加筋材料布置不同的加筋体中的临界应力区进行比较，就可获得加筋土的最佳设计。

均质等代材料分析要求加筋体是弹性体，土与加筋材料间不产生相对滑动。实际上，只要土中应力状态低于土的破坏包络线，加筋材料中的主应力小于加筋材料的破坏应力，且土与加筋材料的界面剪应力低于界面土的最大抗剪强度，就可以用均质等代分析法进行计算。也就是说，要应用均质等代材料原理，加筋体应在工作荷载条件下而不能在极限荷载条件下。

均质等代材料原理可采用有限元法、有限差分法、边界积分法、线积分变换法来求解。从工程实用的角度讲，未加筋土体和加筋体的应力区比较判断还有一个判定标准问题要解决。均质等代材料原理的关键是确定等代的正交材料的有关参数。

二、基坑的动态支护

动态支护技术变形控制理念，其基本思想就是在支护强度足够的前提下，结合监测信息，根据土压力和变形的增减变化，对已有支护结构的支护能力进行相应的可大可小的动态调节，以确保基坑始终处于变形及强度控制标准之内的一种支护技术。

根据相关概念，动态支护理念的本质是一种支护技术。该支护技术的成功实施，需要把握如下四个关键环节的内容。

1. 支护强度足够。并不是说完全考虑各最不利因素，按最保守情况进行设计，而是说按一般最不利原则进行设计，在支护期间及支护能力调节的时候，能确保支护强度足够即可。在支护服役期间及支护调节过程中，可以实时适当地对支护能力进行临时性补强。

2. 进行监测及检测，即须对基坑变形及土压力、支护结构的内力及变形等进行过程监测，部分结构的特征参数须同时进行检测。

3. 支护能力动态调节，是指根据监测及检测结果，对支护结构的支护能力进行调节。在坑壁变形、坑周土压力增加时，可考虑增加支护能力，使抵御坑壁变形的支护能力得到提高，反之可向减小支护能力的方向调节。在支护结构内力及变形接近报警值时，可对其支护能力进行适当减小调节，或者采取其他辅助措施，以弥补可能进一步发展的趋势。

4. 确定控制标准，是指根据结构自身特性、工程实际等，确定所遵从的变形及强度控制要求，指定变形及强度的临界值。

三、基坑动态支护的主要技术

(一)动态支护的原理与方法

1. 时空效应理论

(1) 时间效应

含水量高、渗透性不强、流变性大是软土地区土壤的典型特征。软土变形和强度随时间变化而出现不同的特性，这也是软土流变性的典型反应。软土的应变与应力并非简单的数学变量关系，而是包括时间因子在内的函数关系，即软土流变性在宏观上呈现为土体的应力、应变及时空上的强度是以时间为变量的函数关系。随着时间的变化，土体呈现出以下特点：①渐变性，即在恒定的载重状态下，土体变形随时间变化而变化；②流变性，即土体的流变速度与应力之间表现为函数关系；③松弛性，即在变形保持恒定的状态下，应力随时间而逐渐减少；④强度性，即在长期受荷载的情况下，强度随时间而降低。

(2) 空间效应

基坑开挖在某种程度上呈现出与周边土体相关联的空间状态。专家学者及工程师的工程试验及经验也表明，基坑的大小、平面特性、基坑深度及开挖的程序步骤等，极大地影响着基坑周边的土体变形、位移等，同时支撑结构对周边土体的稳定性也有着明显的影响。支撑结构和土体的空间作用，对有效控制和减轻支撑结构的压力、防止变形，效果显著可见。

(3) 时空效应的技术特点

利用时空效应进行基坑开挖工程最重要的特点就是施工与设计同步进行。要把施工工序、参数作为基坑开挖设计的必要依据，并且在施工过程中严格按照设计的要求尤其是工序及参数施工。每个基坑施工步骤及开挖大小、开挖位置及先后顺序、未支护裸露面面积与时间参数等施工因素都极大地影响着基坑的变形和稳定。因此，基坑设计尤为重要。在基坑设计过程中要以科学的施工工序来降低或减少土体的流变性对基坑变形的影响，采取必要的支护措施加固地基，防止地基变形，从而有效地保护周边环境。

严格遵循“分层挖、严禁超挖、先支后挖、及时支护”的原则，是充分利用时空效应以减少基坑变形及在软土区开挖基坑的前提。具体要做到：科学制定工程工序、施工参数，均匀、对称开挖，适量增加分层开挖的层数，减少开挖土方的宽度和深度，缩短无支撑裸露面的时间，及时采取支撑措施。通过这些方法可以有效发挥土体自身的抗变形能力，进而有效控制基坑变形。

2. 反分析法

反分析法于1976年由相关学者提出，它是一种基于现场量测和计算机分析为主的方法，已在地下工程、边坡稳定工程、桩基工程、基础工程及地质勘探中发挥了巨大的作用。

反分析法是指相对于用已知各种参数条件求解结构位移、应力或其他力学量的正分析法而言的方法，其反过来从现场实测的各种物理力学量（如位移、应力孔隙水压力等），基于材料的结构关系，通过数值计算来推断确定实际工程中各种土或其他结构材料的设计参数值。该参数值显然比室内试验所得的参数值更接近于实际。用这些参数再进行设计必然使设计的结果更加符合实际，既确保工程安全，又节省造价，其要点有以下两点：①必须进行仔细正确的现场观测，这不单是为了预测可能逐渐临近的破坏，也是为了确切地弄清初始设计所采用的各种设计参数值；②必须对现场实测数据的有效性进行分析，并根据有效性的确定原则进行确认。

反分析法的基本方法有以下三种。

（1）逆分析法

逆分析法通常需要变换平衡方程的顺序，将所要求的参数分离出来，然后根据实际观测值及其他已知条件求解出需求的参数。它一般用于弹性问题的位移及材料参数的反演。

（2）概率统计法

在各种概率统计法中，贝叶斯（Bayes）方法优点最多。贝叶斯方法的基本思路是既考虑总体各自出现的先验概率，又考虑错报造成损失。

（3）直接分析法

直接分析法把数值分析和数学规划法结合起来，通过不断修正土的未知参数，使一些现场实测值与相应数值分析的计算值的差异达到最小，它是一种应用最广的反分析方法，因其不像逆分析法那样需要重新推导数值分析的方程，所以可以应用于非线性弹塑性问题的分析。

通常在直接分析法中，把一些实测值（如位移、孔隙水压力等）与相应的数值分析计算两者差的平方和作为目标函数 J，即：

$$J = \min\left[\sum_{i=1}^{m}(S_i - S_i^*)^2\right] \qquad \text{式}(4-12)$$

式中，m 为实测总数；S_i^* 为第 i 点测值，如位移、孔隙水压力等；S_i 为相应的数值分析计算值。

式（4-12）中 S_i 是随着土力学参数 $\{P\}_n$ 值的不同而变化的。N 为独立变化的需要通过反分析法确定的参数总数。S_i 是参数 $\{P\}_n$ 的函数，因此，目标函数 J 为参数 $\{P\}_n$ 的参数，这样反分析计算转换为求一目标函数的极小值问题，当目标函数 J 达到极小值时，其所对应的参数值化 $\{P\}_n$ 就是反分析法须得到的结果。

3. **增量法**

随着现代城市建设规模和功能要求的不断提高及计算技术的长足发展，人们对深基坑支护工程的认识日益深入，深基坑支护工程的过程相关特性逐渐为设计者和施工者所重视，并成为当前的研究热点问题之一。

单纯考虑稳定与强度的静力平衡法、等值梁法等传统设计方法逐渐被能够综合考虑稳定、强度、变形特性及过程相关性的先进设计方法所取代。考虑深基坑施工过程相关特性的设计方法大体上划分为增量法（又称叠加法）与总和法。这两种方法均适用于整个受力过程中刚度不变的情况，当刚度变化时只考虑采用增量法。

采用总和法时外荷载为各施工阶段实际作用在墙上的有效土压力和锚杆预应力等荷载，刚度来自土体、支撑（锚杆）两部分。在支护点处施加支撑（或锚杆）之前该点已产生位移，由此可以直接计算出当前施工阶段完成后支护结构的实际位移与内力。

采用增量法计算时，外荷载为从上一阶段施工到现阶段施工时所产生的荷载增量，所求得的支护结构的位移与内力相当于前一阶段施工完成后的增量。当墙体刚度不发生变化时，与前一施工阶段完成后的墙体位移及内力相叠加，可以计算出当前施工阶段完成后支护结构的实际总位移与总内力。

(二) 拱支可调基坑支护的基本原理

拱支可调基坑支护法，即采用轴线为拱形的支撑（简称拱形支撑），代替以轴线为直线的支撑（简称直线型支撑），利用拱形结构在竖向荷载作用下，可以产生较大横向张力的原理，在拱背施加竖向荷载 P 。如图 4-5 所示，使得拱形支撑 1 在拱脚（与坑壁围护结构相连）产生较大的横向张力，即对坑壁的横向支撑力，从而使得坑壁变形得到控制。

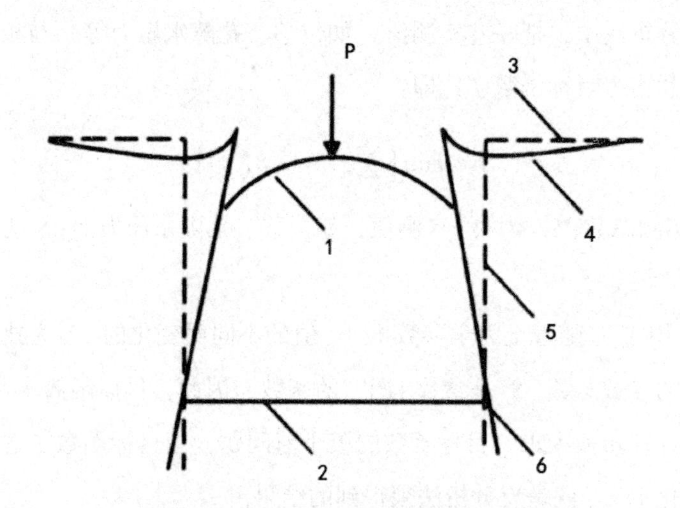

1-拱形支撑；2-坑底；3-初始地面；4-变形后的地面；
5-初始坑壁位置；6-变形后的坑壁位置

图 4-5　拱形支撑动态支护技术

增加或减小竖向荷载 P，即可实现对坑壁变形的调节，甚至使得坑壁变形从图 4-5 所示的位置 6，调节变化至坑壁初始位置 5，从而极大地确保了坑壁及坑周环境的安全与稳定。

拱形支撑动态支护技术，是符合动态支护思路及流程的，无须多次设计，无须调整支护体系及其结构，只需根据变形发展需要，调节荷载 P，进而增加或减小支护系统的支护能力，实现动态地调节控制坑壁变形，确保坑壁坑周的安全与稳定。

四、基坑动态支护的其他形式

(一) 轴力复加支护技术

1. 轴力复加支护技术设计原理

轴力复加支护技术，通过增大或减小支撑的轴向作用能力，以此达到施工过程中对围护支护结构的支护能力调节的目的，以及对坑壁变形减小调节或增大调节的目的，其原理及效果如图 4-6 所示。

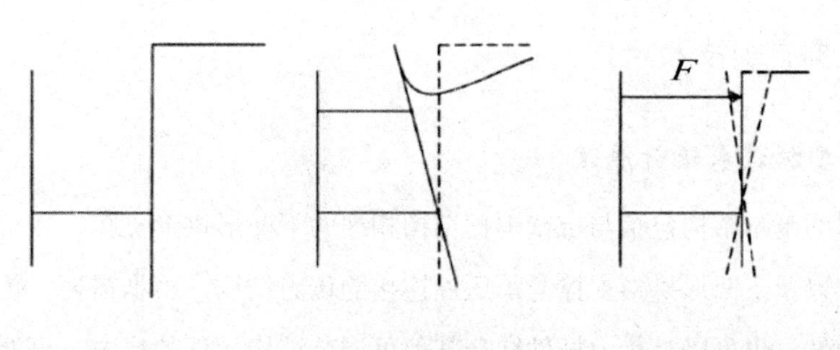

（a）开挖后　（b）支撑施加后　（c）对支撑施加调节作用力

图 4-6　轴力复加支护技术原理及效果

图 4-6（a）表示开挖后的坑壁初始状态；图 4-6（b）表示支撑施加后，坑壁出现较大内倾变形的情形；图 4-6（c）表示通过对支撑施加轴向调节作用力 F，使导坑壁变形减小的情形。在轴向调节作用力 F 的作用下，坑壁变形可以恢复至图中虚线所包围范围的任何位置。

按此原理，通过对支撑轴力的调节，同样可以实现对坑壁土压力、支撑内力、围护结构内力等参数做协调调整。

轴力复加支护技术，主要针对具有轴向作用力的支撑支护体系而言，该方法从原理及使用效果上看，属于动态支护技术的一种。

2. **轴力复加支护技术设计方法**

轴力复加支护结构的设计和实施，按如下流程实施。

①计算围护结构、支撑等的内力，设计相应的支护结构。

围护结构及支撑体系设计时，除考虑支撑施加时刻的情况外，还要重点关注支撑体系轴力附加前后的力学特性，即需要考虑支撑体系轴力调节到最大与最小时刻的内力和变形变化。

为保守起见，坑壁土压力可以考虑取静止土压力，如果坑壁位移测定准确，岩土参数可靠，可考虑因坑壁位置不同所引起的土压力大小及方向变化。

②制订监测方案，变形控制临界值，强度控制临界值。

③基坑开挖，实施监测。

④布设轴力复加装置。

⑤根据监测信息，当变形或内力等接近控制临界值时，对支撑轴力进行复加，进而协调调整坑壁及坑周变形、支护结构内力等。

（二）隆倾互抑支护技术

1. 隆倾互抑支护技术设计原理

隆倾互抑支撑的基本结构包括与坑壁围护结构相连的下凹形拱形支撑、在坑底隆起区域设置的承压件，以及下凹形拱形支撑与承压件连接的传力结构。根据需要，传力结构可以是单独的传力杆件，也可以是传力杆件结合其他可调节结构元件的形式，可调节结构元件可采用千斤顶等。

传力杆件，可以采取更多利于受力的形式，承压板可以根据坑底土质及可能隆起的变形特征，采取不同大小和形式的承压板。

根据拱形支撑的承载能力和基坑深度等因素，可以考虑设置多道拱形支撑。

开挖后，基坑坑壁将向坑内倾斜，坑底将隆起。在拱形支撑的作用下，坑壁两侧的内倾变形将得到一定的控制，但同时，拱形支撑将在拱脚受到坑壁的挤压，使拱形支撑具有向拱背之外产生弯曲变形的趋势，两者之间的受力和变形存在显著的耦合关系。

在坑底设置承压件等抗隆起构件，通过竖向传力结构与下凹形的拱形支撑相连。坑壁的内倾变形对下凹形的拱形支撑产生的载荷，将通过下凹形的拱形支撑的拱背、传力结构和承压件传递给坑底，从而使坑底的隆起程度得到进一步的抑制。另外，坑底的隆起变形产生的载荷，将通过承压件、传力结构及下凹形的拱形支撑作用在坑壁上，从而可以抑制坑壁的内倾变形。

2. 隆倾互抑支护设计方案

针对不同的工程实际情况，隆倾互抑支护结构的具体实施方案有所不同。总体来说，采用隆倾互抑支护结构进行基坑支护，主要包括以下步骤。

根据基坑深度、土质、周边环境等情况，设计确定基坑围护结构的类型、隆倾互抑支护结构的规格型号等。

根据确定的围护结构类型，施加围护结构，或者边开挖基坑边施加围护结构。

分层开挖土方，开挖到拱形支撑施加位置，施加各道拱形支撑，拱形支撑的拱背向下。各道拱形支撑之间进行有效连接。

布设坑底抗隆起结构，并通过竖向构件将其与各道拱形支撑之间进行有效连接，竖向构件中部，布设千斤顶等调节构件。通过调节千斤顶，使拱形支撑的横向支撑能力得到调整，实现对坑壁、坑底变形的调控作用。

有时候，根据需要也可先行布置一道或部分拱形支撑结构，即布设抗隆起结构和竖向调控构件，待土方继续向下开挖后，再增设其他拱形支撑结构，竖向调控构件依次向下延伸并与拱形支撑进行有效连接。

第三节　绿色装配与绿色拆除基坑支护技术

一、基坑支护结构的绿色拆除与处理技术

(一)基坑支护结构拆除的重点和难点

基坑支护结构拆除的重点和难点主要体现在基坑开挖深度和支撑截面较大、地下结构形式复杂导致施工设备受限、风险系数高、绿色施工要求严格等方面，以下将对这几方面的难点进行详细的分析。

1. 基坑开挖深度及支撑截面较大

现阶段，通常情况下，基坑深度已经由原来的地下两层逐步扩大到了地下三层。因此，随着基坑开挖深度的逐渐增加，随之支撑截面也逐渐扩大。但是，由于结构楼板承载能力有一定的限制，叉车自重较大，且叉车的起重质量也有其上限，这无疑给基坑的开挖、切割及驳运等带来了极大的困难和挑战。

2. 地下结构形式较为复杂，施工设备受到限制

现阶段，由于建筑规模较大且为了满足建筑功能的多样性，这就显著提高了结构构件的复杂性。但是，建筑结构构件的复杂程度越高，就会导致施工设备受到越严重的限制，具体可以体现在以下两方面：

一方面，楼板上的混凝土柱子分布较为密集，且墙体柱的异性截面非常多，这就导致楼板上有着非常多的预留插筋，且间隙较小，施工用的叉车在楼板上行走的时候将会受到严重的约束和限制；另一方面，结构楼板上空缺处非常多，即使同一层楼板上的标准高度的种类也非常多，这就直接造成了叉车将无法顺利通过。

3. 风险系数较高

由于场地非常狭窄，工期时间紧及各项任务布置非常紧凑，在这种局面下，就要各个任务同时展开施工，当房屋已经进入地上结构施工的时候，地上将会有很多起重机设备。在起重机分布范围内，基本覆盖了非常大范围的基坑，就会存在非常大的安全隐患和高风

险系数。

4. 绿色施工要求非常严格

由于大部分的项目属于重点工程，从各方面来讲要求都非常高，因此对绿色化施工提出了非常严格的要求，必须达到全国绿色施工示范工程的标准。

(二)基坑支护结构拆除方案的设计与分析

基坑支护结构拆除的方案主要有三种，分别为靠动力进行破碎处理、静力爆破及绳锯切割。以下将对这三种方案进行具体分析，并且根据三种方案的优缺点设计合理的方案。

1. 动力破碎技术

动力破碎主要是指充分发挥和运用空压机的动力，将空压机放置于所需要拆除的基坑的附近，采用空压机的威力对基坑进行拆除。在此过程中，值得注意的是必须将空压机放置于结构楼板上。使用空压机进行动力破碎的最主要优势在于拆除能够在较短的时间内完成，破碎速度非常快。但是，其也存在一定的缺点，由于内支撑设置得较为密集导致空压机无法充分发挥其性能。同时，由于炮机在破碎的过程中声音较大，会产生一定的噪声。

2. 静力爆破技术

静力爆破主要是指在基坑支护结构上进行钻孔，并将膨胀剂倒入所钻的孔内，此时由于膨胀剂的影响会有裂缝产生，当裂缝产生后，再利用风镐对支护结构进行破碎。静力爆破的最为显著的优点在于无须投入大型的机械设备，但是，这样所带来的缺陷在于需要投入大量的人力物力，导致施工进程缓慢，效率低下。同时，采用静力爆破技术进行破碎后所产生的碎块也较难处理，并且将会全部落在结构楼层上，对结构施工带来严重的不利影响。

3. 绳锯切割技术

绳锯切割技术主要是指运用绳锯实现对基坑支护结构的分段切割，从而达到切割后的基坑支护结构的钢筋混凝土仍然能够保持其完整性。通过起重吊机的性能优势及起重能力大小确定分段长度，并且进行切割；切割完成后利用起重吊机直接吊离切割点。绳锯切割的突出优势在于施工效率很高、产生的声音较小，且切割后无残留物产生，结构楼层清理起来较为容易，且不会影响后面的工序。

4. 基坑支护结构拆除的方案选择及具体流程

以上我们介绍了动力破碎技术、静力爆破技术及绳锯切割技术的实现原理，并且对这三种技术的优点和缺点进行了详细的对比和分析。我们在实际的施工过程中，要根据工程项目的实际情况选择合适的拆除技术。若基坑复杂程度较高，则常规的静力爆破技术和动力爆破拆除技术已经无法使用，并且爆破拆除也与绿色拆除的理念不符合，因此，以下将选择绳锯切割技术进行绿色拆除和处理。基坑支护结构拆除的具体流程（见表4-1）。

表4-1　基坑支护结构拆除的具体流程

顺序	具体采取的措施及相关说明
1	根据起重吊机的性能优势及起重能力确定分段长度及大小
2	对所需要切割的基坑支护结构进行反吊钢丝绳
3	开始切割基坑支护结构，并且注意在切割面通过不断地注水以防止金刚链的温度过高导致金刚绳断裂
4	安装吊运钢丝绳并且缓慢抽紧，在此过程中要注意抽紧的力度和吊运混凝土的重力相等
5	吊运切割混凝土并且外运

综上所述，在基坑支护结构中主要采用绳锯切割技术，有效避免了钢连廊空中散拼支撑、加固等措施和技术，并且可以明显降低与土建交叉施工的作业量，明显加快了施工的进度。同时，在此基坑支护结构拆除过程中，大部分工作均可以在楼面完成，有效降低了施工的风险系数，在施工安全性显著提高的基础上也明显提高了施工质量。

二、GRF 绿色装配式基坑支护技术

应用GRF绿色装配式基坑支护技术对某医院项目基坑实施了一体化组合式防护施工，解决了传统喷锚支护技术施工质量不稳定、施工效率低下、环保性低等问题。基于工程实践，优化了施工流程，明晰了技术要求，提高了基坑边坡防护施工效率，缩短了施工工期，为同类工程项目的施工提供借鉴。

近年来，基坑支护工程的安全性、实用性受到越来越多建设单位、施工单位的关注。传统喷锚支护技术在施工过程中暴露出了诸多不利特征，例如支护面层抗变形能力弱、施工质量和施工进度受天气影响大等问题，同时还容易对周边环境造成不利影响，诸多因素的制约使得建设单位、施工单位不断寻找工程质量稳定、施工效率高的基坑支护技术。GRF绿色装配式基坑支护技术在传统喷锚支护技术工作机理的基础上，采用绿色、高环保、标准型构件代替原现浇构件，配合装配式施工工艺形成绿色环保、施工效率高、面层抗变形能力强的基坑支护体系。

（一）工程概况

某医院项目占地面积27 864m²，总建筑面积225 617m²。基坑开挖深度2.85~8.45m，

支护长度约 1894m，基坑支护的主要形式为放坡支护和桩锚支护体系，基坑深度<5m 部位放坡开挖，放坡支护采用 GRF 绿色装配式护坡技术。

（二）施工技术特点

GRF 绿色装配式支护施工过程包含设计、制作、安装、施工和试验五个环节，通过对其全过程的精细化管理，可以有效提高基坑支护阶段的施工质量和施工速度，提高后续施工的安全性和稳定性。该施工技术是以绿色高分子材料为面层、配套施工锚固钉、钢丝绳及加固构造，施工时首先在边坡土层上铺设绿色装配式面层，再使用配套的加固、紧固装置对面层进行固定，使绿色装配式面层密贴放坡土壤面，从而形成边坡支防护体系。其具有以下特点。

1. 绿色环保

支护面层为绿色高分子材料，环保性高，完好的面层可回收利用，破损的面层可直埋降解，支护系统的安装过程只包含面层及紧固件的安装、加固，施工工艺不会对环境造成污染。

2. 质量稳定可控

面层材料具有抗拉强度强、防水性好、协调变形的综合支护能力，该支护系统全套材料均在工厂预制、标准化生产，产品品控稳定。

3. 施工简便

支护系统所需安装作业人员数量少、无须大型机械设备，施工简便、快速，能耗低。

4. 综合造价较低

支护材料及人工费用较低，且可回收重复利用，为建设单位及施工单位的综合成本控制及降本增效提供了有效途径。

（三）操作要点

1. 基坑边坡一体化组合式防护

基坑边坡支护采用工厂集中加工的 GRF 绿色装配式面层材料及相关配件进行一体化组合式防护，面层系统遵循从坡顶翻边位置向下铺设，下放至开挖面，面层与面层直接进行有效搭接，并采用土钉固定牢固，采用连接构件与土钉端头进行连接，用连续钢丝绳将土钉端头进行串联并拉紧，再在土钉端头采用套筒紧固，形成基坑边坡一体化组合式防护。

2. 支护结构排水技术

在基坑距坡脚上方 300mm 处设置泄水孔，泄水孔水平间距不大于 3m，泄水管采用∅250mmPVC 管，深入土层不少于 300mm，将边坡土层内部水排出，针对砂土地质，在支护面层内设置有倒水、返滤功能的材料面层，沿坡面形成倒水。返滤结构层，增强边坡稳定性。

3. 支护结构周转利用技术

基坑支护结构选择可周转使用的装配式复合面层、连接构件和紧固构件，待基坑支护结束，开始回填前，根据基坑回填步骤，逐步自下而上，分别回收紧固构件、连接构件和装配式面层。回收过程中分段拆除，保证基坑边坡的安全性，坡顶支护压顶采用预制混凝土块，制作时预留圆形吊装口，支护结构拆除时通过吊装口将预制混凝土块吊走周转使用。

（四）施工流程及技术要求

1. 土方开挖

按照设计要求开挖至土钉施工面下 0.5m，待土钉施工完毕方可进行下一步开挖，开挖遵循一步一开挖。

2. 坡面修整

（1）机械修坡

根据设计坡度要求先用挖掘机进行粗略修坡。

（2）人工修坡

根据设计坡面要求对局部坡面进行开挖或回填，达到设计要求的坡度及平整度，一般平整度要求偏差±3cm。

3. 地锚施工

每级坡面的坡顶及坡脚采用钢筋地锚锚固，地锚采用螺纹钢筋，土钉制作时应比设计长出 30~50mm（外露长度须保持一致），以满足锁定需要，地锚打入土层深度 1m，采用 216mm 螺纹钢，间距与土钉水平间距相同，水平布置须在一条直线上。

GRF 绿色装配式面层及配件安装完成后，坡顶、坡脚及平台处须做混凝土压顶处理，坡度按 2%向内侧放坡，厚度不小于 80mm，坡顶压顶与施工场区内道路相结合，共同施工，既保证坡顶的稳定性，也节省材料。

4. 土钉（锚杆）施工

（1）测量放线

对边坡按设计坡度进行放样，并用横纵交叉线拉直以便确定边坡修整的情况，做好书面和现场的技术交底工作。

（2）土钉制作

杆体材料采用216mm螺纹钢筋，设计长度1m，纵、横向间距1.5m×1.5m，双向布置，杆体制作时应比设计长度长30~50mm，以满足锁定需要。

（3）土钉打入

土钉按图纸角度安置，水平方向，垂直方向钉距误差不得大于100mm，外露长度须保持一致，土钉偏斜尺寸不得大于长度的3%。

5. GRF 面层铺设

①根据现场情况，确定GRF卷材尺寸，裁剪后予以试铺，裁剪尺寸要准确，根据当地降水情况及现场土质情况，增加防水面层，保证边坡不因渗水造成破坏，提高边坡支护耐久性。

②检查搭接宽度是否合适，搭接处应平整，松紧适度。GRF面层用人工滚铺，坡面应平整，并适当留有变形余量，GRF面层的搭接采用不锈钢自锁式扁卡连接，面层搭接宽度为0.3m，不锈钢自锁式扁卡间距500mm。

③坡顶面层翻边量≥800mm，坡脚翻边量2500mm，GRF面层自坡顶滚铺。分步开挖时，根据图纸及现场实际开挖情况裁剪下料，减少横向搭接，降低材料搭接损耗。

④接缝须与坡面线相交，在坡面上对面层的一端进行锚固，然后从坡面放下以保证面层保持拉紧的状态，避免出现褶皱现象。

⑤GRF面层相邻两幅安装采用不锈钢扁卡连接的方法进行搭接处理，搭接宽度≥300mm。

6. 相关配件安装

外露土钉端部采用专用卡扣锁死，卡扣一般水平放置，卡扣下方通过连接构件（26mm普通钢丝绳）在每个外露土钉根部缠绕一圈，缠绕方向保持一致。可先完成安装区域纵向连接，然后再完成横向连接（反之亦可），最终形成“口”字形连接方式，且保证坡面钢丝绳的连续。钢丝绳端部采用钢丝绳卡头固定，钢丝绳应拉紧，与面层保持密贴。

7. 坡顶、坡底翻边及平台

坡顶宽度应保持一致，在施工完GRF面层、土钉、钢丝绳后，在面层翻边部位采用预制混凝土块进行压边。

与传统的喷锚支护施工工艺相比，GRF 绿色装配式基坑支护技术大大提高了施工速度，缩短了施工周期，节约了施工成本，使得建筑项目工程进度、工程质量等各个方面均有较大提升，在现场实际施工中取得了良好的效果，得到了业主的高度认可，也为该技术的推广应用打下了良好的基础。

第五章　岩土工程施工监测技术

第一节　测试技术基础知识

一、测试的一般知识

科技日趋发展的现代社会，已进入瞬息万变的信息时代，人们从事的各种生产和科学实验都主要依靠对信息资源的开发、获取、传输和处理。传感器处于研究对象与测控系统的接口位置，是感知、获取与检测信息的窗口。一切科学实验和生产过程，特别是自动检测和自动控制系统所获取的信息，都要通过传感器转换为容易传输与处理的电信号。

在岩土工程实践中提出监测和检测的任务是正确及时地掌握各种信息。大多数情况下是要获取被测对象信息的大小，即补测试的值大小。信息采集的主要含义就是测试、取得测试数据，在传感技术发展到一定阶段形成“测试系统”。因此，在工程中，需要有传感器与多台仪表组合在一起，才能完成信号的检测，这样便会形成测试系统。现代计算机技术的发展和信息处理技术的进步，使测试系统所涉及的内容得以完善。

二、测试

测试是以确定量值为目的的一系列操作，现代信息时代的测试是将被测试值与同种性质的标准量进行比较，确定被测试值对标准量的倍数，它由下式表示：

$$x = nu \qquad 式(5-1)$$

式中：

x——被测试值；

u——标准量，即测试单位；

n——比值（纯数）含有测试误差。

由测试所获得的被测的量值叫测试结果。测试结果可用一定的数值表示，也可以用一条曲线或某种图形表示。但无论其表现形式如何，测试结果应包括两部分：比值和测试单位，测试结果还应包括误差部分。

被测试值和比值等都是测试过程的信息，这些信息依托于物质才能在空间和时间上进行传递。参数承载了信息而成为信号，选择其中适当的参数作为测试信号。测试过程就是传感器从被测对象获取补测试的信息，建立起测试信号，经过变换、传输及处理，从而获得被测试的量值。

三、测试系统的组成和特性

非电物理量的测试与控制技术已被广泛应用于岩土施工监测中，也是最常用的测试系统。一个测试系统可能由一个或若干个功能单元组成。一个完善的测试系统由传感器和测试仪表、变换装置、数据处理、数据显示记录四大部分组成，但因测试的目的、要求不同，测试系统的实际组成差别很大，并非全部包含，可繁可简。

(一) 传感器

传感器与测量电路组成测试装置。它是一种以一定量的精确度把被测量转换为不确定对应关系的、便于应用的某种物理量的测量装置。即传感器是测量装置，能完成信号的获取任务；它的输入量是某一被测量；它的输出量是某物理量，这种物理量要便于传输、转换、处理与显示等；输出输入有对应关系，且应有一定的精确程度。

测试系统对传感器的要求有很多方面。

1. 准确性

传感器的输出信号必须准确地反映其输入量，即被测量的变化。因此，传感器的输出与输入关系必须是严格的单值函数关系，最好是线性关系。

2. 稳定性

传感器的输入、输出的单值函数关系最好不随时间和温度的变化而变化。

3. 灵敏度

满足工程要求。

另外，传感器在不同的岩土工程环境中要满足特殊要求，如耐腐蚀性、功耗、输出信号形式、体积和售价等。

(二) 数据采集

对信号调理后的连续模拟信号进行离散化并转化成与模拟信号电压幅度相应的一系列

数据信息，同时以一定的方式把这些转换数据及时传递给微处理器或信号自动存储。

(三)信号处理

信号处理模块是自动检测仪表、检测系统进行数据处理和各种控制的中枢环节。现代检测仪表、检测系统中信号处理模块通常以各种型号的嵌入式微处理器、专用高速数据处理器和大规模可编程集成电路，或直接采用工业控制计算机来构建。

(四)信号显示

显示器是检测系统与人联系的主要环节之一，一般可分为：

1. 指示性显示，又称模拟式显示。

2. 数字式显示。

3. 屏幕显示。

(五)信号输出

检测系统在信号处理器计算出被测参量的瞬时值后，除传送显示器进行实时显示外，通常还须把测量值及时传送给监控计算机、可编程控制器（PLC）或其他智能化终端。

(六)输入设备

输入设备是操作人员和检测系统联系的另一主要环节，用于输入设置参数、下达有关命令等。最常用的输入设备是各种键盘、拨码盘与条码阅读器等。

(七)稳定电源

由于工业现场通常只提供交流 220V 的工频电源或+24V 的直流电源，传感器和检测系统通常不经降压、稳压就无法直接使用。

四、传感器的基本特性

传感器是能检测被测量并按照一定规律转换成可用输入信号的器件或装置，即传感器有检测和转换两大功能。

(一)传感器的组成

传感器通常由敏感元件、转换元件和测试电路三部分组成。

1. 敏感元件

敏感元件是指传感器中能直接感受或响应被测信号（非电量）的元件，即将被测量通过传感器的敏感元件转换成与被测量有确定关系的非电量或其他量。

2. 转换元件

转换元件是指传感器中能将敏感元件的感受或响应信息转换成电信号的部分，即将上述非电量转换成电参量。

3. 测试电路

测试电路的作用是将转换元件输入的电参量经过处理转换成电压、电流或频率等可测电量，即可进行显示、记录、控制和处理的部分。

(二) 传感器性能优劣值判定

传感器性能优劣值判定由传感器的两个基本特性来表征，即静态特性和动态特性。

静态特性，是指当被测量的各个值处于稳定状态时，传感器输出值与输入值之间关系的数学表达式、曲线或数表。当一个传感器制成后，可用实际特性反映它在当时使用条件下实际具有的静态特性。借助实验的方法确定传感器静态特性的过程称为静态校准。校准得到的静态特性称为校准特性。

动态特性，当被测量值随时间变化时，传感器的输出值与输入值之间关系的数学表达式、曲线或数表。

测试系统的静态特性的参数主要有灵敏度、线性度（直线度）及回程误差（迟滞性）等。而研究动态特性时，由于实际被测量随时间变化的形式可能各种各样，通常根据正弦变化与阶跃变化两种标准输入来考虑传感器的响应特性。传感器的动态特性分析和动态标定都以这两种标准输入状态为依据。对于静态参数与动态特性方面的详细讨论可参阅有关文献。

五、常用传感器的类型和工作原理

传感器的类型很多，按不同的方式进行分类，有不同的类型。按传感器的构成分为物性型传感器和结构型传感器；按传感器的输入量（被测参数）分为位移传感器、速度传感器、温度传感器和压力传感器等；按传感器的基本效应分为物理型传感器、化学型传感器和生物型传感器；按传感器的工作原理可以分为应变式、电容式、电感式、电压式、光电式和热电式传感器等；按传感器的能量变换关系可分为有源（能量控制型）和无源（能量变换型）。

下面讲述常用传感器的工作原理。

(一) 差动电阻式传感器

该传感器是美国加州加利福尼亚大学卡尔逊教授在 1932 年研制成形的，又习惯称为卡尔逊式仪器。它是利用张紧在仪器内部的弹性钢丝作为传感器元件将仪器受到的物理量转变为模拟量，国外也称这种传感器为弹性钢丝式仪器。

在仪器内部采用两根特殊固定方式的钢丝作为传感元件，钢丝经过预拉受力后一根受拉，其电阻增加；另一根钢丝受压，其电阻减少。测量两根钢丝元件的电阻值，可以求得仪器的变形量。这样的结构设计，使两根钢丝元件的电阻在感受到外界的拉压变形时产生差动变化，目的是提高仪器对变形的灵敏度，并且使变形引起的电阻变化不影响温度的测量。

差动式应变计的特点是灵敏度较高，性能稳定，耐久性好。

(二) 钢弦式传感器

钢弦式传感器的敏感元件是一根金属丝弦（高弹性弹簧钢、马氏不锈钢或钨钢），它与传感器受力部件连接固定，利用钢弦的自振频率和钢弦所受到的外加张力关系式测得各物理量。由于钢弦式传感器的结构简单可靠，其设计、制造、安装和调试都非常方便，而且在钢弦经过热处理之后其蠕变极小、零点稳定，备受业界青睐，在国内外发展较快。

(三) 电阻应变式传感器

电阻应变式传感器（Straingauge Type Transducer）是以电阻应变计为转换元件的电阻式传感器。电阻应变式传感器由弹性敏感元件、电阻应变计、补偿电阻和外壳组成，可根据具体测量要求设计成多种结构形式。弹性敏感元件受到所测量的力而产生变形，并使附着其上的电阻应变计一起变形。电阻应变计再将变形转换成电阻值的变化，从而可以测量力、压力、扭矩、位移、加速度和温度等多种物理量。

金属的电阻应变效应：金属导体（电阻丝）的电阻值随其变形（伸长或缩短）而发生变化的一种物理现象。

电阻式传感器的基本原理是将被测物理量的变化转换成电阻值的变化，再经相应的测量电路和装置显示或记录被测量值的变化。按其工作原理可分为电位器式、电阻应变式和固态压阻式传感器三种。电阻应变式传感器应用特别广泛。

电阻应变式传感器是利用金属的电阻应变片将机械构件上应变的变化转换为电阻变化传感元件。

电阻应变片的品种繁多，按敏感栅的形式来分，常见的有丝式电阻应变片、箔式电阻应变片和半导体应变片三种。

应变式传感器是将应变片粘贴于弹性体表面或直接将应变片粘贴于被测试件上。弹性体或试件的变形通过基底和黏结剂传递给敏感栅，其电阻值发生相应的变化，通过转换电路转换为电压或电流的变化，用显示记录仪表将其显示记录下来，这是用来直接测量应变。

通过弹性敏感元件，将位移、力、力矩、加速度、压力等物理量转换为应变，则可用应变片测量上述各量，而做成各种应变式传感器。

除了差动电阻式传感器、钢弦频率式传感器和电阻应变式传感器外，电感式传感器、电容传感器、磁电式传感器、压电式传感器和光纤传感器等都被制成安全监测仪器。这些传感器的工作原理可以参考相关文献。

六、监测仪器的选择

在岩土工程监测中，根据不同的工程场地和监测内容，监测仪器（传感器）和元件的选择应从仪器的技术性能、仪器的埋设条件、仪器的测读方法和仪器的经济性四方面加以考虑。其原则如下：

(一)仪器技术性能的要求

1. 仪器的可靠性

仪器的选择最主要的要求就是仪器的可靠性。仪器固有的可靠性是指测量方法最简易、在安装的环境中使用寿命最持久、对所在的条件敏感性最小，并能保持良好的运行性能。一般认为，用简单的物理定律作为测量原理的仪器，即光学仪器和机械仪器等测量结果要比电子仪器可靠，受环境影响较小。因此在监测时，应尽可能选择测量方法简单的仪器，较为可靠。

2. 仪器使用寿命

一般岩土工程监测是长期、连续的观测工作，要求各种仪器能从工程建设开始，直到使用期内都能正常工作。因此，对于埋设后不能置换的仪器的寿命应与工程使用年限相当，对于特殊工程或重大工程，应考虑特殊的条件要求和不可预见的因素，仪器工作寿命应超过使用年限。

3. **仪器的坚固和可维护性**

仪器选型时，应考虑其耐久和坚固，仪器从现场组装到安装运行，应不易损坏，在各种复杂环境条件下均可正常运转。为了保证监测工作的有效和持续，仪器选择应优先考虑比较容易标定、修复和置换的仪器，以弥补和减少由于仪器出现故障给监测工作带来的损失。

4. **仪器的精度**

精度应满足监测数据的要求，选用具有足够精度的仪器是监测的必要条件。如果选用的仪器精度不足，可能使监测成果失真，甚至导致错误的结论。过高的精度也不可取，实际上它不会提供更多的信息，只会给监测工作增加麻烦和费用预算。

5. **仪器的灵敏度和量程**

灵敏度和量程是互相制约的。一般量程大的仪器其灵敏度较低，反之，灵敏度高的仪器其量程较小。因此，进行仪器的选型时应对仪器的量程和灵敏度统一考虑。首先满足量程要求，一般是在监测变化较大的部位宜采用量程较高的仪器；反之，宜采用灵敏度较高的仪器；对于岩土体变形很难估计的工程情况，不但要高灵敏度又要有大量程的要求，须保证测量的灵敏度又能使测量范围可根据需要加以调整。

(二)仪器埋设条件的要求

仪器选型时，应考虑其埋设条件。对用于同一监测目的的仪器，在其性能相同或出入不大时，应选择在现场易于埋设的仪器设备，以保证埋设质量，节约人力，提高工效。

当施工要求和埋设条件不同时，应选择不同仪器。以钻孔位移计为例，固定在孔内的锚头有：楔入式、涨壳式、压缩木式和灌浆式。楔入式和涨壳式锚头，具有埋设简单、生效快和对施工干扰小等优点，在施工阶段和在比较坚硬完整的岩体中进行监测，宜选用这种锚头。压缩木锚头具有埋设操作简单和经济的优点，但只有在地下水比较丰富或很潮湿的地段才选用。灌浆式锚头最为可靠，完整及破碎岩石条件均可使用，永久性的原位监测常选用这种锚头。但灌浆式锚头的埋设操作比较复杂，且浆液固化需要时间，不能立即生效，对施工干扰大，不适合施工过程中的监测。

(三)仪器测读方式的要求

测读方式也是仪器选型中需要考虑的一个因素。岩土体的监测，往往是多个监测项目子系统所组成的统一的监测系统。有些项目的监测仪器布设较多，每次设置的工作量很大，野外任务十分艰巨。因此，在实际工作中，为提高一个工程的测读工作效率与加快数据处理进度，选择工作简便易行、快速有效和测读方法尽可能一致的仪器设备十分必要。有些工程测点，人员到达受到限制，在该种情况下可采用能够远距离观测的仪器。

对于能与其他监测网联网的监测，如水库大坝坝基边坡监测时，坝基与大坝监测系统可联网监测，仪器选型时应根据监测系统统一的测读方式选择仪器，以便数据通信、数据共享和形成统一的数据库。

(四)仪器选择的经济性要求

在选择仪器时，进行经济比较，在保证技术使用要求时，仪器购置、损耗及其埋设费用最为经济，同时，在运用中能达到预期效果。仪器的可靠性是保证实现监测工作预期目的的必要条件，但提高仪器的可靠性，要增加很多的辅助费用。另外，选用足够精度的仪器，是保证监测工作质量的前提。但过高的精度，实际上不会提供更多的信息，还会导致费用的增加。

岩土工程测试的研制在我国已有很大的发展。近年研制的大量国产监测仪器，已在岩土工程监测中被使用，实践证明这些仪器性能稳定且经济。

第二节 沉降位移监测方法

随着工用民用建筑业的发展，各种复杂且大型的工程建筑物日益增多，改变了地面原有的状态，并且对建筑物的地基施加了一定的压力，引起地基及周围地层变形。为了保证建筑物的正常使用寿命和建筑物的安全性，并为以后勘察设计施工提供可靠的资料及相应沉降参数，与建筑物相关的沉降观测的必要性和重要性更显突出。现行规范也规定，高层建筑物、高耸构筑物、重要古建筑物及连续生产设施基础、动力设备基础、滑坡监测等均要进行沉降观测。特别是高层建筑物施工过程中，应用沉降监测加强过程监控，合理指导施工工序，预防施工中产生不必要的不均匀沉降，避免因施工过程中出现建筑物主体结构的破坏和产生影响结构使用功能的裂缝，造成巨大的经济损失。

沉降变形监测是多种测量技术的综合，是监测评估建筑物安全的重要手段之一，是利用测量与专用仪器和方法对变形体的变形现象进行监视观测的工作。在建筑岩土工程施工和使用期限内，对建筑基坑及周边环境实施检查、监控工作。

在工业民用建筑中要进行基础的沉降与建筑物本身的变形观测。就基础而言，观测内容是建筑物的均匀沉降和不均匀沉降；对于建筑物本身来说，主要是观测倾斜与裂缝。对于高层和高耸建筑物，还应对其动态变形进行观测。对于工业企业、科学试验设施和军事设施中的各种工艺设备、导轨等，其主要观测内容是水平位移和垂直位移。在水工建筑物中，对于土坝其观测内容主要为水平位移、垂直位移、渗透及裂缝。边坡开挖、基坑开挖导致土中应力释放，可能会引起边坡土体和基坑周围土体的变形，过量的变形将引起边坡稳定性问题，影响基坑邻近建筑物和地下管线的正常使用，甚至导致边坡破坏或者基坑工程问题。因此，必须在边坡或基坑施工期间对其进行支护和变形监测，根据监测数据及时调整开挖速度和开挖位置，采取合理的施工措施，保证工程正常进行。

因此，沉降变形监测内容主要包括：地面、邻近建筑物、地下管线和深层土体沉降监测（垂直位移监测），以及建筑物、支护结构由于开挖产生的裂缝、倾斜监测，支护结构、土体、地下管线水平位移监测。

一、沉降监测的基本原理

沉降监测属于垂直位移观测，对于地面、基坑围护墙顶、坑内立柱、地下管线、建筑物、水工建筑的防汛墙、高架立柱、地铁隧道等构筑物都需要垂直位移监测。主要采用精密水准测量，为此应建立高精度的水准测量控制网。具体做法是：在建筑物的外围布设一条闭合水准环形路线，再由水准路线中的固定点测定各测点的高程，这样每隔一定周期进行一次精密水准测量，用严密平差的方法对测量的外业成果进行严密平差，求出各水准点和沉降监测点的高程量或然值。某一沉降监测点的沉降量即为首次监测求得的高程与该次复测后求得的高程之差。特殊情况或视监测需求，也可布设附合水准路线（道路、桥梁工程，边坡工程），也可采用支水准路线。沉降监测的基本原理如下：

通过定期测定沉降监测点相对于基准点的高差，求得监测点各周期的高程；不同周期、相同监测点的高程之差，即该点的沉降值，即沉降量；通过沉降量还可以求出沉降差、沉降速度、基础倾斜、局部倾斜、相对弯曲和构件倾斜等。

二、沉降监测控制网的布设及沉降监测

（一）基准点设置

基准点设置以保证其稳定可靠为原则，以基坑工程为例进行说明。在基坑四周适当的位置必须埋设 3 个沉降监测基准点，该点必须设置在建筑物基坑开挖影响范围外，至少大

于5倍基坑开挖深度，基准点应埋设在基岩或原状土层上，也可设置在沉降稳定的建筑物或构筑物基础上。土层较厚时，可采用下水井式混凝土基准点。受条件限制时，也可在变形区用钻孔穿过土层和风化岩层，在基岩里埋设深层钢管基准点。基准点的选择也需考虑测量和通视的便利，避免转站导致的误差。

（二）控制网的布设

沉降监测控制网由沉降监测水准基点和沉降观测点构成。为沉降监测所布设水准点是监测建筑物地基变形的基准，为此在布设时必须考虑下列因素。

1. 对于建筑物较少测区，宜将控制点连同观测点按单一层次布设。对于建筑物较多且分散的测区，宜按两个层次布网，即由控制点组成控制网，观测点与所联测的控制点组成扩展网。

2. 在整个水准网里应有4个埋设足够深的水准基点，其余的可埋设为地下水准点或墙上水准点。施测时可选择一些稳定性较好的沉降点作为水准路线基点与水准网统一监测和平差。由于施测时不可能将所有的沉降点都纳入水准路线内，大部分沉降点只能采用中视法测定，而水准转点会影响成果精度，所以选择一些沉降点作为水准转点极为重要。

3. 水准点应视现场情况，设置在较明显而且通视良好、保证安全的地方，并且要便于进行联测。

4. 水准点应设在拟监测的建筑物之间，距离一般为20~40m。一般工业与民用建筑物应不小于15m，较大型并略有振动的工业建筑物应不小于25m，高层建筑物应不小于30m。

5. 监测单独的建筑物时，至少布设3个水准点，以便互相检核判断水准基点高程有无变动。对占地面积大于5000m^{2}或高层的建筑物，则应适当增加水准点的个数。

6. 当设置水准点片有基岩露出时，可以用水泥砂浆直接将水准点浇筑在岩层中。一般水准点应埋设在冻土线以下0.5m处，墙上水准点应埋在永久性建筑物上，离地面高度约0.5m。

7. 各类水准点应避开交通干道、地下管线、仓库堆栈、水源地、河岸、松软填土、滑坡地段、机器振动区及其他能使标石、标志遭受腐蚀和破坏的地点。

（三）邻近建筑沉降监测

邻近建筑物变形监测点布设的位置和数量，应根据基坑开挖有可能影响到的范围和程度，同时考虑建筑物本身的结构特点和重要性来综合确定。与建筑物的永久沉降观测相比，基坑引起相邻房屋沉降的现场监测，具有测点数量多、监测频度高（通常每天1次）、监测周期较短（一般为数月）等特点。相对而言，监测精度要求比永久观测略低，但须根据邻近建筑物的种类和用途分别对待。

监测点的设置数量和位置应根据建筑体的结构形式、工程地质条件与沉降规律等因素综合考虑，尽量将其设置在监测建筑物具有代表性的部分，以便能够全面反映监测建筑物的沉降。同时，监测点的设置应便于监测和不易遭到破坏。

1. 监测点一般布设在下列点处：

①建筑物的角点、中心及沿周边每隔6~12m设一测点；圆形、多边形的构筑物宜沿横轴线对称布点。

②基础类型、埋深和荷载明显不同处，沉降缝处，新老建筑物连接处两侧伸缩缝任意一侧。

③工业厂房各轴线的独立柱基上。

④箱形基础底板除四角外宜在中部设点。

⑤基础下有暗浜或地基局部加固处。

⑥重型设备基础和动力基础的四角。

2. 建筑物监测通常有以下几种标志构造形式：

①设备基础监测点：一般利用铆钉和钢筋来制作。标志形式有垫板式、弯钩式、燕尾式、U字式。

②柱基础监测点：对于钢筋混凝土柱是在标高±0.000以上10~50cm处凿洞，将弯钩形监测标志水平向插入，或做角铁呈60°角斜向插入，再以1∶2水泥砂浆填充。

③钢柱监测标志：用铆钉或钢筋焊在钢柱上。

(四) 地表沉降监测

地面沉降观测，即测定地面高程随时间变化的工作。造成地面高程变化的原因很多，抽取地下水、开采天然气或其他矿藏都会引起地面下沉，在膨胀土地区地面高程会随土中含水量的变化而变化，受地壳运动的影响地面高程也会发生变化。局部地区地面在短期内发生较大升降，对房屋、地下管道、道路、桥梁和水坝等有破坏作用，城市和工业区地面的持续下沉甚至会危及整个城市和工业区的安全。

地表沉降观测可以定量地了解地面的升降。监测方法主要采用精密水准测量（二等水准精度），进行地表沉降观测，要在测区内选定适量的水准点作为地面观测点，并埋设标志，同时在沉降范围外的稳定处设置适量的基准点。为了缩短基准点到观测点的距离以减少观测点的高程误差，也可把基准点设在沉降范围内，但必须设法使基准点的高程不受地表沉降的影响。例如采用深埋钢管标，它是把钢管底部锚固在基岩上，外面用套管保护；或埋设双金属标，即用膨胀系数不同的两根金属芯管放在同一根套管中，根据两芯管顶端由温度变化而引起的高差变化，推算出每根芯管顶端由温度变化引起的高程改正数。在一个测区内至少要设置 3 个基准点，以便通过联测验证其稳定性。从基准点出发用水准测量方法测定各观测点的高程水准线路常分两级敷设。首级水准线路用精密水准测量（见高程测量）方法施测，构成网形，并附合在基准点上。然后在首级点之间用稍低的精度设低一级的水准线路，用于测定其他观测点的高程。不同日期两次测得同一观测点的高程之差，即代表地面高程在这两次观测期间的变化。为便于分析，常把同一时期内各点沉降量标记在地形图上，并勾绘出等沉降曲线。对一些有代表性的观测点，则常绘制沉降量同时间的关系曲线。有了地表沉降观测的大量资料，就可以用数理统计方法分析沉降规律，预计沉降的发展趋势，分析沉降与影响因素之间的关系。

(五) 地下管线沉降监测

在明确地下管线图、地下管线的各种情况（类型、结构、走向、材质及大小等各组成）的基础上，查明与建筑物基坑之间的距离，听取相关主管部门的意见，根据管线的重要性及对变形的敏感要求设置监测点。

一般情况下上水管承接式接头应按 2~3 个节段设置 1 个监测点，管线越长，在相同位移下产生的变形和附加弯矩就越小，因而测点距可适当增大；弯头和十字形接头处对变形比较敏感，测点间距适当加密。

监测点宜布置在管线的节点、转角点和变形曲率较大的部位，监测平面间距宜为 15~25m，并宜延伸至基坑外 20m。上水、煤气及暖气等压力管线宜设置直接监测点。直接监测点应设置在管线上，也可以利用阀门开关、抽气孔及检查井等管线设备作为监测点。在无法埋设直接监测点的部位，可利用埋设套管法设置监测点，也可采用模拟式测点将监测点设置在靠近管线埋深部位的土体中。

监测点设置之前，要收集建筑物基坑周围地下管线和建筑物的位置和状况，以利于对建筑物基坑周围环境的保护。

(六) 土体分层沉降监测

土体分层沉降是指离地面不同深度处土层内的沉降或隆起，通常采用分层沉降仪量测。常用的分层沉降仪由磁铁环、保护管、探测头及指示器等组成。一般情况下每层土体里应设置一个磁铁环，在基坑土体发生变形的过程中，土层和磁铁环同步下沉或回弹，设在顶部的指示器指示应变的大小，从量测的应变值可得到磁铁环的位移值，最终得到地层的沉降、回弹情况。

分层沉降仪安装时，须先在土里钻孔，再将磁铁环埋入孔中预先设置的位置，并在孔中注入由膨润土、细砂与水泥等按比例制成的砂浆，将分层沉降测管与孔壁之间的空隙填实。

三、水平位移监测概述

(一)水平位移监测点的布置

在建筑物水平位移监测时，不可能对建筑物的每一点都进行观测，而是只观测一些代表性的点，这些点称为变形点或观测点。变形点要与建筑物连接、固定在一起，以保证它与建筑物一起变化。为使点位明显、固定，保证每次所观测的点位相同，也要设置观测标志。

水平位移的变形点的布设，视建筑物的结构、观测方法和变形方向而异。产生水平位移的原因很多，主要有地震、岩土体滑动、侧向的土压力和水压力、水流冲击等。其中有些对位移方向的影响是已知的，但有些对方向的影响是未知的，相应地对变形点的布设要求也不一样。但变形点的位置必须具有变形的代表性，必须与建筑物固连，而且要与基准点或工作基点通视。

工业民用建筑物观测点位置应选择在墙角、柱基及裂隙两边等处；地下管线应选在端点、转角点中间部位；护坡工程应按待测坡面成排布点；测定深层侧向位移的点位与数量，应按工程需要确定。

(二)水平位移监测

水平位移监测包括位于特殊地区的建筑物地基基础水平位移，受高层建筑物基础施工影响的建筑物及工程设施水平位移，挡土墙、大面积堆载等工程中所需的地基土深层侧向位移。即水平位移监测一般包括地面与地下管线水平位移和深层水平位移监测。应测定在规定平面位置上随时间变化的位移量和位移速度。

地表水平位移一般包括挡墙顶面、地表面及地下管线等水平位移。水平位移通常采用经纬仪及觇牌，或带有读数尺的觇牌测量。

水平位移的观测方法很多，常用的方法有视准线法、小角度法、前方交会法、三角测量法、导线法及引张线法等，应根据条件选用适当的方法。

视准线法是基坑水平位移监测最常用的方法，其优点是精度较高，直观性强，操作简单，确定位移量迅速。当位移量较小时，可使用活动觇牌法实行监测；当位移量增大，超出觇标活动范围时，可使用小角度法监测。该法的缺点是只能测出垂直于视准线方向的位移分量，难以确切地测出位移方向，要较准确地测位移方向，可采用前方交会法等方法测量，可参考土木工程测量相关文献。

(三)深层水平位移监测

深层水平位移监测通常采用钻孔测斜仪测定，当被测土体产生变形时，测斜管轴线产生挠度，用测斜仪测量测斜管轴线与铅垂线之间夹角的变化量，从而获得土体内部各点的水平位移。

1. 监测设备

深层水平位移的测量仪为测斜仪，分为固定式和活动式两种；按与垂线夹角监测范围不同又分为垂直向测斜仪和水平向测斜仪；按传感器形式分为滑动电阻式、电阻应变式、振弦式及伺服加速度计式四种。

测斜仪主要由测头、测读仪、电缆和测斜管四部分组成。

2. 测斜管的埋设

测斜管的埋设有两种方式：一种是绑扎预埋式埋设，另一种是钻孔后埋设。

绑扎预埋设主要用于桩墙体深层挠曲监测，埋设在钢筋笼上，随钢筋笼一起放至孔槽内，并将其浇筑在混凝土中，随结构的加高同时接长测斜管。浇筑之前应封好管底底盖，并在测斜管内注满清水，防止测斜管在浇筑混凝土时浮起和水泥浆渗入管内。

钻孔埋设首先在土层中预钻孔，孔径略大于所选用测斜管的外径，然后将测斜管封好底盖逐节组装，逐节放入钻孔内，并同时在测斜管内注满清水，直接放到预定的标高为止。随后在测斜管与钻孔之间空隙内回填细砂，或水泥和黏土拌和的材料固定测斜管，配合比取决于土层的物理力学性质。

3. 监测方法

①基准点设定。基准点可设在测斜管的管顶或管底。若测斜管管底进入基岩或较深的稳定土层时，则以管底作为基准点。对于测斜管底部未进入基岩或埋置较浅时，可以管顶作为基准点，每次测量前须用经纬仪或其他手段确定基准点的坐标。

②将电缆线与测读仪连接，测头的感应方向对准水平位移方向的导槽，自基准点管顶

或管底逐段向下或向上，每 50cm 或 100cm 测出测斜管的倾角。

③测读仪读数稳定后，提升电缆线至欲测位置，每次应保证同一位置上进行测读。

④将测头提升至管口，旋转 180°，再按上述步骤进行测量，以消除测斜仪本身固有的误差。

4. 监测与资料整理

根据施工进度，将测斜仪探头沿管内导槽放在测斜管内，根据测读仪测得的应变读数，求得各测段处的水平位移，并绘制水平位移随深度的分布曲线，可将不同时间的监测结果绘于同一图中，以便于分析水平位移发展趋势。

第三节　应力应变和水压水位监测

一、应力应变监测

岩土工程和其他混凝土建筑物的应力、应变分布情况，工程上一般通过安装埋设应变计和应力计用于监测建筑物的应变和应力变化，因而应变计、应力计是安全监测的重要手段之一。从使用环境看，应变计或应力计使用相当广泛，既适用于长期埋设在水工建筑物或其他建筑物内部，也可以埋设在基岩、浆砌块石结构或模型试件内。

(一) 应力监测

岩土工程中应力监测包括两部分：一部分为结构物内钢筋的应力监测，另一部分为土压力的监测。

1. 结构物内钢筋应力监测

结构物内钢筋的实际受力状态通常采用钢筋计来监测。将钢筋计的两端焊接在直径相同的待测钢筋上，直接埋设安装在混凝土内，通过钢筋计即可确定钢筋受到的应力。国内常用的钢筋计有差阻式和钢弦式两类。通常利用夹具将应变计固定在钢结构的表面，通过测量钢板应变推算钢板应力。

(1) 监测设备

常用的应力计有差阻式钢筋计和钢弦式钢筋计两类。

差阻式钢筋计主要由钢套、敏感部件、紧定螺钉、电缆及连接杆等构成。其中，敏感部件为小应变计，用六个螺钉固定在钢套中间，钢筋计两端连接杆与钢套焊接。

钢弦式钢筋计的敏感部件为一振弦式应变计，将钢筋计与所要测量的钢筋采用焊接或螺纹方式连接在一起，当钢筋所受的应力发生变化时，振弦式应变计输出的信号频率发生变化。电磁线圈激拨振弦并测量其振动频率，频率信号经电缆传输至读数装置或数据采集系统，再经换算即可得到钢筋应力的变化，同时由钢筋计中的热敏电阻可同步测出埋设点的温度值。

埋设在混凝土建筑物内或其他结构物中的钢筋计，受到的是应力和温度的双重作用，因此钢筋计一般计算公式为：

$$\sigma = k(F - F_0) + b(T - T_0) \qquad 式(5-2)$$

式中：

σ——被测结构物钢筋所受的应力值，MPa；

k——钢筋计的最小读数，MPa/kHz^2；

F——实时测量的钢筋计输出值，kHz^2；

F_0——钢筋计的基准值。

（2）钢筋计安装

钢筋计主要有两种安装方式：一是与结构钢筋连接，安装于钢筋网上，浇注于混凝土构件中；二是与锚杆连接，作为锚杆应力计埋设在基岩或边坡钻孔中。

两种类型的钢筋计现场安装要求基本相同，下面以差阻式钢筋计为例，说明钢筋计几种典型的安装方式。

①安装在结构钢筋上。按钢筋直径选配相应的钢筋计，如果规格不符合，应选择尽量接近于结构钢筋直径的钢筋计。如直径差异过大，则应考虑改变配筋设计。在安装前必须对已确定好的钢筋计逐一进行检测，确认仪器是正常的，并同时检查接长电缆的芯线电阻与绝缘度等应达到规定的技术条件，此时才可以按设计要求将钢筋计接长电缆，做好仪器编号和存档工作。钢筋计总长为60~80cm，须按设计要求同结构钢筋连接，其焊接加长工作可在钢筋加工厂预先做好，也可在现场埋设时电焊连接。

②安装在锚杆上。钢筋计用于测量锚杆应力时，又称为锚杆应力计。根据设计要求，可以在锚杆的一处或多处安装钢筋计。在锚杆上安装钢筋计的方法和要求与在结构钢筋上相似，接有钢筋计的锚杆应力计通常安装在岩体的钻孔中。

A. 钻孔灌浆安装锚杆应力计。锚杆应力计的现场埋设可采用两种方法，当钻孔直径较大，无须快速接续下一道工序（如钢丝网喷锚）时，可采用水泥灌浆封孔。将接好锚杆应力计的锚杆、灌浆管、排气管一起插入钻孔中，经测量确认仪器工作正常，理顺电缆，封堵孔口，进行灌浆。一般水泥砂浆配合比宜为 1∶1~1∶2，水灰比为 0.38~0.40。灌浆时，应在设计规定的压力下进行，灌至孔内停止吸浆时，持续 10min，即可结束。砂浆固化后，测其初始值。电缆引至观测站，按设计要求定期监测。

当钻孔孔径较小且有后续工序连续作业时，可采用锚固剂填充，使之快速凝结，并与岩体固结为一个整体，形成后续工序的撑点。

采用钻孔内灌浆或填充时，可以在一根锚杆的一处或多处安装锚杆应力计，实现沿锚杆不同深度的多点监测。

B. 钻孔不灌浆安装锚杆应力计。根据设计要求，可以在锚杆的端部设置锚头，填以 40~50cm 水泥砂浆予以锚固，在孔口设置锚板，并用螺栓拧紧。此种安装方法宜在锚固上设置一个锚杆应力计，其测值将反映锚杆控制范围内的岩体的平均受力状态。

对于预应力锚杆，锚杆测力计安装就位后，加荷张拉前，应准确测得初始值和环境温度。

观测锚杆应在与其有影响的其他工作锚杆张拉之前进行张拉加荷，如无特别要求，张拉程序一般应与工作锚杆的张拉程序相同。分级加荷张拉时，一般对每级荷载测读一次。张拉荷载稳定后，应及时测定锁定荷载。

2. **土压力监测**

土体中出现的应力，可以分为由土体自重及基坑开挖后土体中应力重分布引起的土中应力和基坑支护结构周围的土体传递给挡土结构物的接触应力。土压力监测就是测定作用在挡土结构物上的土压力大小及其变化速度，以便判定土体的稳定性，控制施工速度。

(1) 监测设备

土压力监测通常采用在量测位置上埋设土压力传感器进行。土压力传感器工程上称之为土压力盒，常用的土压力盒有差阻式和振弦式。在现场监测中，为了保证量测的稳定可靠，多采用振弦式。

振弦式界面土压力计主要由三部分构成：由上下板组成的压力感应部件、振弦式压力传感器及引出电缆密封部件。

振弦式界面土压力计背板埋设于刚性结构物（如混凝土等）上，其感应板与结构物表面齐平，以便充分感应作用于结构物接触面的土体的压力。土体的压力通过仪器的下板变形将压力传给振弦式压力传感器，即可测出土压力值。测量仪器内的热敏电阻可同步测出埋设点的温度值。

土压力计的一般计算公式为：

$$P_m = k \times (F - F_0) + b \times (T - T_0) \quad \text{式(5-3)}$$

式中：

P_m——被测对象的土压力，kPa；

k——土压力计的最小读数，kPa/kHz^2；

F——实时测量的土压力计输出值，kHz^2；

F_0——土压力计的基准值；

b——土压力计的温度修正系数，kPa/℃；

T——温度的实时测量值，℃；

T_0——温度的基准值。

（2）土压力盒的选用

土压力量测前，应选择合适的土压力盒，长期量测静态土压力时，一般都采用振弦式土压力盒，土压力盒的量程应比预计压力大2~4倍，应避免超量程使用。土压力盒具有较好的密封防水性能，导线采用双芯带屏蔽的橡胶电缆，导线长度可根据实际长度确定，且中间不允许有接头。

（3）土压力盒的布置

土压力盒的布置原则以测定代表性位置处的土反力分布规律为目标，在反力变化较大的区域布置得较密，反力变化不大的区域布置较稀。用有限的压力盒测得尽量多的有用数据，通常将测点布设在有代表性的结构断面上和土层中。如布置在希望能解释特定现象的位置，理论计算不能得到准确解答的位置，土压力变化较明显的位置。

（4）土压力盒埋设方法

①钻孔法。土中土压力盒埋设通常采用钻孔法，是通过钻孔和特制的安装架将土压力计埋入土体内。

②挂布法。地下连续墙侧土压力埋设常采用挂布法。取1/3~1/2的槽段宽度的布帘，在预定土压力盒的布置位置缝制放置土压力盒的口袋，将土压力盒放入口袋后封口固定。

（5）监测与资料整理

土压力盒埋设好后，根据施工进度，采用土压力盒的读数换算出土压力盒所受的压力，并绘制土压力变化过程曲线及随深度的分布曲线。

（二）应变监测

从工作原理上分，国内工程最常用的应变计有差动电阻式应变计和钢弦式应变计两种。

1. 监测设备

(1) 差动电阻式应变计

差动电阻式应变计结构。差动电阻式系列应变计主要由电阻感应组件、外壳及引出电缆密封室三个主要部分构成。

电阻感应组件主要由两根专门的差动变化的电阻钢丝与相关的安装件组成。弹性波纹管分别与接线座、上接座锡焊在一起。止水密封部分由接座套筒及相应的止水密封部件组成。仪器中充有变压器油，以防止电阻钢丝生锈，同时在钢丝通电发热时吸收热量，使测值稳定。仪器波纹管的外表面包裹一层布带，使仪器与周围混凝土隔离。

差动电阻式应电计工作原理。差阻式应变计埋设于混凝土内，混凝土的变形将通过凸缘盘引起仪器内电阻感应组件发生相对位移，从而使其组件上的两根电阻丝电阻值发生变化，其中一根 R_1 减小（增大），另一根 R_2 增大（减小），相应电阻比发生变化，通过电阻比指示仪测量其电阻比变化而得到混凝土的应变变化量。应变计可同时测量电阻值的变化，经换算即为混凝土的温度测值。

差阻式应变计的电阻变化与应变和温度的关系如下：

$$\varepsilon = f\Delta Z + b\Delta t \qquad 式(5-4)$$

式中：

ε ——应变量，10^{-6}；

f ——应变计最小读数，$10^{-6}/0.01\%$；

b ——应变计的温度修正系数，$10^{-6}/℃$；

ΔZ ——电阻比相对于基准值的变化量，拉伸为正，压缩为负；

Δt ——温度相对于基准值的变化量，温度升高为正，降低为负，℃。

根据不同要求和不同的使用环境，选用不同型号的差阻式应变计，它们有多种型号。

(2) 钢弦式应变计

钢弦式应变计结构。钢弦式应变计由两个带 O 形密封圈的端块、保护管及管内振弦感应组件等组成，振弦感应组件主要由张紧钢丝及激振线圈与相关的安装件构成。

钢弦式应变计工作原理。钢弦式应变计埋设于混凝土内，混凝土的变形将通过仪器端块引起仪器内钢弦变形，使钢弦发生应力变化，从而改变钢弦的振动频率。测量时利用电磁线圈激拨钢弦并量测其振动频率，频率信号经电缆传输至频率读数装置或数据采集系统，再经换算即可得到混凝土的应变变化量。同时由应变计中的热敏电阻可同步测出埋设点的温度值。

埋设在混凝土建筑物内的应变计，受到的是变形和温度的双重作用，因此应变计一般计算式为：

$$\varepsilon = k \times (F - F_0) + b \times (T - T_0) \qquad \text{式}(5-5)$$

式中：

ε——被测混凝土的应变量，10^{-6}；

k——应变计的最小读数，$10^{-6}/\text{kHz}^2$；

F——实时测量的应变计输出值，kHz^2；

F_0——应变计的基准值；

b——应变计的温度修正系数，$10^{-6}/℃$；

T——温度的实时测量值，℃；

T_0——温度的基准值。

2. 应变计布置

应变计的使用场合很多，可以埋设在混凝土内部，也可安装在结构物表面，其工作情况及施工条件也不尽相同，所以埋设安装方法也不一样，一般有以下几种安装方式：

①用扎带（或铅丝）和铁棒绑扎定位在钢筋网（或锚索）上。

②直接插入现浇混凝土中或在已浇混凝土上用支座支杆预装定位后浇入混凝土中。

③预先浇筑在相同材料的混凝土块中，凿毛后埋入建筑物现浇混凝土内。

④埋设在混凝土或岩石试块内。

⑤作为基岩应变计埋设在槽坑内。

⑥在浆砌块石结构中埋设在块石钻孔内。

通常，埋设在混凝土中的应变计须配套埋设无应力计，但埋设在岩体中的应变计则无须埋设无应力计。无应力计是装设于无应力计筒内的应变计，埋设在相同环境的应变计（组）旁（约 1m），用于扣除应变计的非应力应变，也可用于研究混凝土的自身体积变形等材料特性。

3. 应变计埋设方法

下面主要叙述差阻式应变计的埋设方法，钢弦式应变计的埋设方法与此类似。

（1）单向应变计的安装埋设

单向应变计安装埋设可在混凝土振捣或碾压后，在埋设部位挖槽埋设，并用相同混凝土（剔除粒径大于 8cm 的骨料）人工回填，人工捣实。埋设仪器的角度误差应不超过 1°，位置误差应不超过 2cm。仪器埋好后，其部位应做明显标记，并留人看护。

（2）两向应变计的安装埋设

两向应变计的埋设可在混凝土振捣或碾压后，在埋设部位挖槽埋设，并用相同混凝土（剔除粒径大于 8cm 的骨料）人工回填，人工捣实。两向应变计应保持相互垂直，相距 8 ~10cm。埋设仪器的角度误差应不超过 1°，位置误差应不超过 2cm。两向应变计组成的平面应与结构面平行或垂直。仪器埋好后，其部位应做明显标记，并留人看护。

4. **监测与资料整理**

应变计盒埋设好后，根据施工进度和观测要求，测得应变计读数，换算出应变值，结合应力测试绘制应力应变曲线，以及应变随深度的分布曲线图。

二、孔隙水压监测方法

孔隙水压监测在控制打桩引起的地表隆起、基坑开挖或沉井下沉导致地表沉降方面起到十分重要的作用。其原因在于饱和软黏土受荷后产生的孔隙水压力的增高或降低，会引起土颗粒的固结变形。静态孔隙水压力监测相当于水位监测。潜水层的静态孔隙水压力测出的是孔隙水压力计上方的水头压力，可以通过换算计算出水位高度。在微承压水和承压水层，孔隙水压力计可以直接测出水的压力。孔隙水压力变化是土层运动的前兆，掌握这一规律，就能及时采取措施避免不必要的损失。

孔隙水压测试一般常用孔隙水压力计，可分为水管式、钢弦式、电阻式和气动式等多种类型。钢弦式结构牢固，长期稳定性好，不受埋设深度的影响，施工干扰小，埋设和操作简单，监测数据可靠，是较为理想的孔隙水压力计。

（一）监测设备

钢弦式孔隙水压力计由测头和电缆组成。

钢弦式测头主要由透水石和压力传感器组成。透水石材料一般用氧化硅或不锈金属粉末制成，采用圆锥形透水石更利于钻孔埋设。钢弦式传感器由不锈钢承压膜、钢弦、支架、壳体和信号传输电缆组成。其构造是将一根钢弦的一端固定于承压膜中心处，另一端固定于支架上，钢弦中段旁边安装一电磁圈，用于激振和感应频率信号，张拉的钢弦在一定的应力条件下，其自振频率随之发生变化。土孔隙中的有压水通过透水石，作用于承压膜上，使其产生挠曲变化而引起钢弦的应力发生变化，钢弦的自振频率也相应发生变化。由钢弦自振频率的变化，可测知孔隙水压力的变化。

电缆通常采用氯丁橡胶护套，或聚氯乙烯护套二芯屏蔽电缆。电缆要能承受一定的拉力，避免因地基沉降而被拉断，要能防水绝缘。

(二) 基本原理

土体中有压孔隙水通过测头透水石汇集到承压膜，作用于压力薄膜上，压力薄膜受力产生挠曲变形，引起装在薄膜上的钢弦应力变化，随之引起钢弦自振频率的改变，用频率仪测定钢弦的频率大小，孔隙水压力与钢弦频率间有如下关系：

$$u = k(f_i^2 - f_0^2) \qquad \text{式}(5-6)$$

式中：

u——孔隙水压力，kPa；

k——孔隙水压力计标定系数其数值与承压膜和钢弦的尺寸及材料性质有关，kPa/Hz^2；

f_i——测头受压后的频率，Hz；

f_0——测头零压力（大气压）下初始频率，Hz。

(三) 孔隙水压力计埋设方法

孔隙水压力计埋设前应首先将透水石放入纯净水中煮沸 2h，以排除其孔隙内的气泡和油污，煮沸后的透水石须浸泡在冷开水中，测头埋设前，应量测孔隙水压力计在大气中测量的初始频率，然后将透水石装在测头上，在埋设时将测头置于盛水的塑料袋连接于钻杆中，避免与大气接触。

现场埋设方法有钻孔埋设法和压入埋设法。

1. 钻孔埋设法

在埋设地点采用钻机钻孔，达到要求的深度或标高后，先在孔底填入部分干净的砂，然后将探头放入，再在探头周围填砂，最后采用膨胀性黏土或干燥黏土球将钻孔上部封好，使得探头测得的是该标高土层的孔隙水压力。孔隙水压力探头在土中埋设技术的关键在于保证探头周围填砂渗水流畅，其次是断绝钻孔上部水的向下渗漏。原则上一个钻孔只能埋设一个探头，但为了节省钻孔费用，也有在同一钻孔中埋设多个设于不同标高处的孔隙水压力探头，在这种情况下，需要采用干土球或膨胀黏土将各个探头进行严格的相互隔离，否则达不到测定各土层孔隙水压力变化的作用。

2. 压入埋设法

若地基土质较软，可将测头缓缓压入土中的要求深度，或先成孔至预埋深度以上 1.0m 左右，然后将测头向下压入至埋设预埋深度，钻孔用膨胀性黏土密封。采用压入埋设法，土体局部仍有扰动，引起的超孔隙水压力较大，也会影响须测的孔隙水压力值的精度。

(四)监测与数据整理

孔隙水压力监测规定一定的周期，通过孔隙水压力计测得频率读数，根据频率读数换算孔隙水压力值及孔隙水压力变化量，绘制出孔隙水压力随时间的变化图和随深度的分布曲线。

三、地下水位监测方法

地下水监测主要用来观测地下水位及其变化。基坑工程地下水位监测包括坑内、坑外水位监测。通过坑内水位观测可以检验降水方案的实际效果，如降水速率和降水深度。通过坑外水位观测可以了解坑内降水对周围地下水位的影响和影响程度，防止基坑工程施工中坑外水土流失。

(一)监测设备

地下水位监测可采用钢尺或钢尺水位计监测。钢尺水位计测量系统由三部分组成：水位管，其为地下埋入材料部分；钢尺水位计，地表测试仪器，由探头、钢尺电缆、接收系统、绕线架等部分组成；管口水准测量，由水准仪、标尺、脚架及尺垫等组成。

(二)工作原理

在已埋设好的水管中放入水位计测头，当测头接触到水位时启动讯响器，此时，读取测量钢尺与管顶的距离（绝对高程），根据管顶高程即可计算地下水位的高程。水位管内水面应以绝对高程表示，计算式如下：

$$D_s = H_s - h_s \qquad 式(5-7)$$

式中：

D_s——水位管内水位的绝对高程，m；

H_s——水位管口绝对高程，m；

h_s——水位管内水面距管口的距离，m。

对于本次水位的变化，其计算式为：

$$\Delta h_s^i = D_s^i - D_s^{i-1} \qquad 式(5-8)$$

累积水位变化为：

$$\Delta h_s = D_s^i - D_s^0 \tag{5-9}$$

式中：

D_s^i ——第 i 次水位绝对高程，m；

D_s^{i-1} ——第（$i-1$）次水位绝对高程，m；

D_s^0 ——水位初始绝对高程，m；

Δh_s ——累计水位差，m。

对于地下水位比较高的水位观测井，也可用干的钢尺直接插入水位观测井，记录湿迹与管顶的距离，根据管顶高程即可计算地下水位的高程，钢尺长度须大于地下水位与孔口的距离。

(三) 水位管构造与埋设

监测用水位管由 PVC 工程塑料制成，包括主管和连接管，连接管套于两节主管接头处，起着连接固定的作用。在 PVC 管上打数排小孔做成花管，开孔直径 5mm 左右，间距 50cm，梅花形布置，花管长度根据测试土层厚度确定，一般花管长度不应小于 2m，花管外面包裹无纺土工布，起过滤作用。

水位管埋设方法：用钻机钻孔到要求的深度后，在孔内放入管底加盖的水位管。套管与孔壁间用干净细砂填实，然后用清水冲洗孔底，以防泥浆堵塞测孔，保证水路畅通，测管高出地面约 200mm，管顶加盖，防止雨水进入，并做好观测井保护装置。

(四) 监测与数据整理

地下水位监测根据工程施工要求和地下水位监测要求，按一定周期进行监测，通过监测获得地下水位动态变化及累积变化，绘制地下水位高程曲线及地下水位随监测孔变化分布图。

第四节　岩土工程监测自动化与信息化

一、岩土工程自动化监测系统

岩土工程施工过程中，往往会强烈扰动岩土体，容易引发坍塌、滑坡等现象，一旦出现上述问题，便会产生较大危险，若在未进行防护的状态下动工，极易导致安全事故。岩土工程传统的施工模式中，常常需要人工方式监测周边环境，结合预防设施加强施工现场保护。人工方式可能会存在一定误差与缺陷，因此加强自动化系统的运用，展开自动化监测十分必要。

(一)岩土工程与自动化监测系统概述

岩土工程为土木工程实践当中的新型技术学科，其将求解岩体及土体工程问题作为研究对象。岩土工程的特点主要体现在：①不确定性。对于岩土工程来讲，存在比较明显的不确定性。工程施工过程中，即使对现场进行了比较详细的勘察，也往往难以获取需要的全部数据，工程勘察报告难以形成对岩土工程现场情况的全面认识。现场的岩土构造、性能参数往往会被环境所影响，在外部温度、湿度出现变化的情况下，可能会导致岩土构造、性能参数发生变化。此外，实施岩土工程施工时，会扰动岩土层，导致岩土层构造、性能出现变化。②区域性。我国地理面积广阔，不同地区岩土情况往往会有所不同，一般来讲，不同区域岩土工程施工时，运用的设计参数、施工方法、验收指标等会具有一定差异。③隐蔽性。岩土工程施工过程中，地下连续墙、锚杆、地基、桩基等工程内容均为隐蔽性工程，在隐蔽性工程影响下，会增加岩土工程整体施工难度，难以及时发现施工时出现的突发情况。为了及时发现存在的隐蔽性问题，要加强对工程的监测，有效解决存在的问题，推动岩土工程顺利实施。

运用自动化监测系统时，会在施工现场中结合测点分布情况、数量，合理安装多个测控单元，构建现场测控网络。现场测控网络会基于公共信息平台构建和总营地中心站之间的通信联络，而工作人员会在中心站远程无线测控现场测控单元，运用远程方式进行系统控制、数据采集，实现有效远程测控。采集监测数据结合实时方式向中心站传输，并且会对数据进行分析与存储。系统中包含多个设备，主要有微电子、传感器、通信设备等。

(二)岩土工程展开监测工作的重要性

岩土体具有明显的不连续性，这是导致岩土工程理论计算与实际情况出现计算偏差的关键影响因素，我们需要合理运用工程实践经验，确保岩土工程的整体可靠性。受岩土体工程差异、复杂性的影响，加之工程结构、地质体的共同作用，往往会导致计算参数、计算模型和实际情况之间呈现出一定差异，难以实现对岩土工程的精确计算。即使通过概念模型及地质模型，也往往会导致实际情况和计算结论呈现出一定偏差，这便需要加强岩土工程监测工作的实施。监测工作的开展，能够科学地校正计算结论，确保计算结论的可靠性，同时也能推动工程实现安全建设，提升工程整体质量。

(三)自动化监测系统运用于岩土工程中的具体形式

社会经济不断发展过程中，工程机械设备在科技方面的含量明显提高，机械在自动化方面的水平有所提升。在此情况下，工程监测系统受到了比较广泛的关注，逐渐成为工程施工时的关键技术力量。在岩土工程中，运用自动化系统展开监测工作，能够进一步促进施工单位在技术水平方面的提升，将施工单位实力充分体现出来。自动化系统不仅可以加强对岩土工程施工方案设计和基本属性的研究，而且可以加强对工程运行情况的监测。

1. 分布式监测

在分布式形式展开监测的过程中，能够结合网络技术，通过微机处理器处理数据。处理数据的过程中，传感器附近须放置 DAU，基于 DAU 控制单元，有效展开模拟测量工作，利用 A/D 转换数据，在对应位置存储，通过数据通信展开监测。进行数据采集时，会划分为不同单元作为系统中小的子系统，针对单元数据实施统一管理。将分布式监测运用于岩土工程中，整体操作比较简单，能够在不同环境中使用，从而保证岩土工程监测效果。

轨道交通基坑施工过程中，结合自动化技术展开监测工作，可以系统采集基坑周围的环境信息。展开基坑施工时，往往会被外部荷载、岩土特性、施工组织、地下水等多种因素作用与影响，利用自动化系统，可以有效实时监测，预测施工时有可能会存在的问题，并且针对施工区域环境数据实现实时监控，将基坑事故、灾害消灭于萌芽阶段。同时，可以将智慧评判系统运用其中，配合自动化检测系统施工，加强对深基坑地质情况、水文情况的掌握，也能针对数据进行模拟和研判，诊断基坑健康状态，进而使工程质量获得比较充分的保证。

2. 集中式监测

进行集中式监测时，主要是基于监测系统展开数据监测，对监控数据信息进行采集，在计算机中存储数据，结合系统进行处理，将分析结果显示出来。在此过程中，终端机监控室的工作内容为采集所有数据，有效控制信息收集，通过设备实施自动化处理，对数据进行远距离传输。在控制室中，计算机起到核心作用，能够与各设备一同通过自动化系统进行控制。实施集中式监测的过程中，须将集线设备、传感设备及数据采集器充分连接在一起，进而加强对数据的搜集。集线设备主要为集线箱，各数据进行传输时，能够对信号进行切换，同时有效检查传感器的具体运行状态。但是此种监测方式在运用过程中，对电缆质量要求比较高，性能方面相对较弱，不具备较大的可应用空间与开发空间。

集中式监测在小块监测环境中比较适用，而多数岩土工程须进行大范围数据采集，因此，此监测应用并不是十分广泛，但是功能性强，可以针对区域中的数据采用针对性方式展开采集，便于系统管理。就系统结构来讲，集中式和分散式比较接近，在使用过程中，仅须程序预先输入便可。实施自动预警决策时，主要基于系统终端对采集数据设备的实际运行进行分析，基于运行数值判断是否存在异常，发生异常时便会向工作人员报警，督促工作人员及时解决问题。同时，集中式监测可以检查数据采集设备的具体运行状态。一般来讲，数据采集设备会在野外环境中设置，受自然环境、天气等多种因素影响，设备比较容易受到破坏。结合集中式监测技术，可以针对数据信息反馈、设备电路输送展开分析，并且判断设备是否实现正常运行，在发现异常的情况下，后台能及时维护设备。如展开隧道施工时，结合自动化系统进行监测，可采集监测点的三维坐标，分析目标点的安全性。运用集中式监测时，可以在设备出现故障时及时上传，实现对工程情况的准确判断。

3. 混合式监测

混合式监测是分布式和集中式两种监测方式的结合。混合式监测的运用过程中，须结合 MCU 转化装置，实现远距离遥控。搜集数据过程中，能够整理传感器信号，使其处于箱内，然后基于转换箱使信号向监控点传递，实现对信号的保存与处理。将融合式监测运用于岩土工程当中，能促进数据长距离传输，并体现出不同类型信息在传输时的灵活性，有效展开岩土工程监测。

混合式监测运用过程中，对于 MCU 转化装置来讲，并不是直接处理、存储数据，而是经过一段时间运转的情况下，自动收集数据并对数据展开处理，做好传输准备工作。混合式监测能够对数据进行长距离传输，因此当岩土工程为远距离时比较适用。如车站基坑进行施工时，可以运用混合式监测方式，在此情况下，工作人员可以分析两端远处位置的地质信息，并且对信息展开初步整理。整个传输过程比较灵活，极大程度上提高信息数据的整体延展性，加强对岩土工程施工的监测。

二、岩土工程施工监测信息系统

岩土工程是建筑施工非常关键的组成部分，在具体施工过程中，要对岩土的变化情况进行深入分析和判断，避免任何突发情况影响到后续施工，必须加强对岩土工程施工的系统监测。监测信息系统的应用，可以帮助施工获取最为有效的数据进行参考，确保施工和设计的合理性。

(一)岩土工程施工监测系统的应用优点

1. 便捷性较高

在对岩土工程进行监测的过程中，监测系统的便捷性相对较高，能够对岩土工程施工进行很好的监测。通过应用施工监测系统，岩土工程周边的施工环境，以及相关数据能够得到完备的收集，这样更有助于提升监测的效率和质量，确保后续的施工得以顺利进行。

2. 降低人工参与度

岩土工程施工过程中，应用监测信息系统，能够在一定程度上降低人为参与的可能性，确保监测效率的提升。倘若采用单纯的人工方式进行监测，最终的监测结果很有可能受制于各种外力因素，影响数值的准确。通过对岩土工程施工进行信息系统监测，可以降低人工参与的程度，消除人为因素带来的消极影响，确保后续的岩土施工能够顺利进行。

3. 监测范围广泛

岩土工程施工过程中，监测系统的应用可以让施工监测的范围更加广泛，收获更为理想的效果，而传统的监测行为中，监测范围受制于人工视线长度的影响。

4. 监测呈现连贯性

岩土施工过程中，通过监测系统展开监测，可以保障其连续性和不间断性。传统的人工监测方式，因为人力因素的限制（如不能在晚间监测），错失一些岩土工程的动态变化数据。很显然，监测系统的应用能很好地规避这一点，确保后续施工的安全。

(二)岩土工程施工监测信息系统的应用策略

1. 响应面处理技术

岩土工程施工监测工作具有强烈的复杂性，而使用施工监测信息系统，却可以在统计数据的基础上，进一步应用响应面处理技术，对岩土工程施工监测情况展开综合性的试验。就概念而言，响应面处理技术，是通过对岩土工程施工监测过程中所获得的一些数据进行整理，使用函数计算趋近值，进而对真实的响应函数进行呈现。这种方法在实际应用过程中，需要对岩土工程设计的计算点进行深入分析。

2. 神经网络处理技术

岩土工程施工监测受制于项目施工、地质条件、工程结构等一系列因素的影响，其所取得的监测信息具有强烈的多变性和随机性。在这种情况下，有必要对岩土工程施工监测系统的非线性关系展开深入分析，然后采用神经网络处理技术，对不确定的非线性问题进行集中解决，再对岩土工程施工监测的数据和信息进行 BP 神经网络处理。同时因为神经网络当中存在多个隐层，需要通过纯线性变化函数计算的方式，不断增加和写入训练次数，在克服网速慢等问题的情况下，应用回归分析来进行曲线处理。

3. *监测数据修正技术*

岩土工程施工监测信息系统具有实时监控、数据处理快、效率高的特点，但是在具体应用过程中，也必须考虑监测误差的问题。换言之必须综合考虑可能为岩土工程施工监测带来误差的人为操作、技术方法、监测环境和装备因素，严格执行相关操作。一般在岩土工程施工监测过程中，监测都是从洞内开始，在读取相关数据后，须有效分析监测误差。同时，在岩土工程施工监测信息系统当中，应用数据修补技术，能够对空间效应所产生的误差进行深度修补和分析，再基于时间和空间效应，对黏弹性和三维有限元进行分析，在确定引入载荷值后，计算出总的位移量。岩土工程施工监测过程中，应用监测信息系统，传感器可以主动读取相关数据和信息，降低和减少人为操作的时间，提高效率和准确率。

岩土工程施工监测信息系统在运行过程中，相关的监测数据会储存在储存器当中，然后使用 Datalogger 对其进行控制。这种控制方式，不仅可以很好地读取布控点，还能让岩土工程施工监测布局变得更加合理。此外，在监测信息系统应用的过程中，为了让数据传输得到进一步优化，还会使用数据 Modem，进而保障对岩土工程施工的有效监测，确保施工的顺利进行。

岩土工程是建筑施工中，非常关键的构成部分，其质量呈现对整个建筑项目的质量具有不容忽视的影响。为了确保岩土施工的质量和效率，需要做好监测工作，而随着科学技术的不断发展，随着各种科技在监测信息系统中的不断应用，在很大程度上能够提升原有的监测效果。

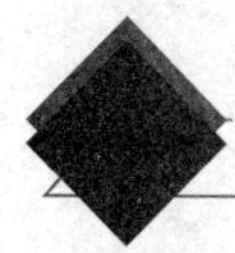

第六章　特殊地质条件与自然灾害勘测技术

第一节　特殊岩土勘测技术

特殊岩土主要包括：湿陷性黄土、红黏土、软土、填土、膨胀土、污染土、混合土、液化土、盐渍土、冻土、风化基岩和残积土等。

本节重点针对湿陷性黄土、红黏土及软土勘测技术进行阐述。

一、湿陷性黄土

湿陷性黄土是一种非饱和的欠压密土，具有大孔和垂直节理。在天然湿度下，其压缩性较低，强度较高，但遇水浸湿时，土的强度显著降低，在附加压力或在附加压力与土的自重压力下引起的湿陷变形，是一种下沉量大、下沉速度快的失稳性变形，对建筑物危害性大。

我国湿陷性黄土主要分布在山西、陕西、甘肃的大部分地区，河南西部和宁夏、青海、河北的部分地区，此外，新疆、内蒙古和山东、辽宁、黑龙江等地区，局部也分布有湿陷性黄土。

(一) 湿陷性黄土勘察的重点

在湿陷性黄土场地进行岩土工程勘察，应结合建筑物功能、荷载与结构等特点和设计要求，对场地与地基做出评价，并就防止、降低或消除地基的湿陷性提出可行的措施建议。其应查明下列内容。

1. 黄土地层的时代、成因。

2. 湿陷性黄土层的厚度。

3. 湿陷系数、自重湿陷系数和湿陷起始压力随深度的变化。

4. 场地湿陷类型和地基湿陷等级的平面分布。

5. 变形参数和承载力。

6. 地下水等环境水的变化趋势。

7. 其他工程地质条件。

（二）建筑物的分类和工程地质条件的复杂程度

1. 建筑物的分类

拟建在湿陷性黄土场地上的建筑物种类很多，使用功能不尽相同，应根据其重要性、地基受水浸湿可能性的大小和在使用期间对不均匀沉降限制的严格程度，分为甲、乙、丙、丁四类。对建筑物分类的目的是为设计采取措施，并区别对待，防止不论工程大小采取“一刀切”的措施。当建筑物各单元的重要性不同时，可根据各单元的重要性划分为不同类别。

①地基受水浸湿可能性大，是指建筑物内的地面经常有水或可能积水、排水沟较多或地下管道很多。

②地基受水浸湿可能性较大，是指建筑物内局部有一般给水、排水或暖气管道。

③地基受水浸湿可能性小，是指建筑物内无水暖管道。

2. 场地工程地质条件的复杂程度

场地工程地质条件的复杂程度，按照地形地貌、地层结构、不良地质现象发育程度、地基湿陷性类型、等级等可分为以下几类。

①简单场地地形平缓，地貌、地层简单，场地湿陷类型单一，地基湿陷等级变化不大。

②中等复杂场地地形起伏较大，地貌、地层较复杂，局部有不良地质现象发育，场地湿陷类型、地基湿陷等级分布较复杂。

③复杂场地地形起伏很大，地貌、地层复杂，不良地质现象广泛发育，场地湿陷类型、地基湿陷等级分布复杂，地下水位变化幅度大或变化趋势不利。

（三）工程地质测绘的主要内容

在湿陷性黄土场地进行工程地质测绘时，除应符合一般要求外，还应包括下列内容。

1. 研究地形的起伏和地面水的积聚、排泄条件，调查洪水淹没范围及其发生规律。

2. 划分不同的地貌单元，确定其与黄土分布的关系，查明湿陷凹地、黄土溶洞、滑坡、崩坍、冲沟、泥石流及地裂缝等不良地质现象的分布、规模、发展趋势及其对建设的影响。

3. 划分黄土地层或判别新近堆积黄土。

4. 调查地下水位的深度、季节性变化幅度、升降趋势及其与地表水体、灌溉情况和开采地下水强度的关系。

5. 调查既有建筑物的现状。

6. 了解场地内有无地下坑穴，如古墓、井、坑、穴、地道、砂井和砂巷等。

(四)取样的一般要求

取样应不扰动土样，即必须保持其天然的湿度、密度和结构，并应符合Ⅰ级土样质量的要求，土试样按扰动程度划分为4个质量等级，其中只有Ⅰ级土试样可用于进行土类定名、含水量、密度、强度、压缩性等试验，因此黄土土试样的质量等级必须是Ⅰ级。

取土勘探点中，应有足够数量的探井，正反两方面的经验一再证明，探井是保证取得Ⅰ级湿陷性黄土土样质量的主要手段，国内、国外都是如此。因此，要求探井数量应为取土勘探点总数的1/3~1/2，并不宜少于3个。探井的深度宜穿透湿陷性黄土层。

在探井中取样，竖向间距宜为1m，土样直径不宜小于120mm；在钻孔中取样，仅仅依靠好的薄壁取土器，并不一定能取得不扰动的Ⅰ级土试样。取不扰动的Ⅰ级土试样的前提是必须先有合理的钻井工艺，保证拟取的土试样不受钻进操作的影响，保持原状，否则再好的取样工艺和科学的取土器也无济于事，在钻孔中取样时应严格按下列的要求执行。

1. 在钻孔内采取不扰动土样，必须严格掌握钻进方法、取样方法，使用合适的清孔器并应采用回转钻进，使用螺旋（纹）钻头，控制回次进尺的深度，并应根据土质情况，控制钻头的垂直进入速度和旋转速度，严格掌握“$1m^3$钻”的操作顺序，即使取土间距为1m时，其下部1m深度内仍按上述方法操作。

清孔时，不应加压或少许加压，慢速钻进，应使用薄壁取样器压入清孔，不得用小钻头钻进、大钻头清孔。

2. 应用压入法取样，取样前应将取土器轻轻吊放至孔内预定深度处，然后以匀速连续压入，中途不得停顿，在压入过程中，钻杆应保持垂直不摇摆，压入深度以土样超过盛土段30~50mm为宜。当使用有内衬的取样器时，其内衬应与取样器内壁紧贴。

3. 宜使用带内衬的黄土薄壁取样器，对结构较松散的黄土，不宜使用无内衬的黄土薄壁取样器，其内径不宜小于120mm，刃口壁的厚度不宜大于3mm，刃口角度为10~12°，控制面积比为12%~15%。

4. 在钻进和取土样过程中，应严禁向钻孔内注水。在卸土过程中，不得敲打取土器。土样取出后，应检查土样质量，如发现土样有受压、扰动、碎裂和变形等情况时，应将其废弃并重新采取土样。还应经常检查钻头、取土器的完好情况，当发现钻头、取土器有变形、刃口缺损时，应及时校正或更换。对探井内和钻孔内的取样结果，应进行对比、检查，发现问题及时改进。

(五)勘察阶段的划分及勘察工作基本要求

1. 勘察阶段的划分

勘察阶段可分为场址选择或可行性研究、初步勘察、详细勘察三个阶段。各阶段的勘察成果应符合各相应设计阶段的要求。对场地面积不大、地质条件简单或有建筑经验的地区可简化勘察阶段，但应符合初步勘察和详细勘察两个阶段的要求。对工程地质条件复杂或有特殊要求的建筑物，必要时应进行施工勘察或专门勘察。

2. 场址选择或可行性研究勘察阶段

按国家的有关规定，一个工程建设项目的确定和批准立项，必须有可行性研究为依据。可行性研究报告中要求有必要的关于工程地质条件的内容，当工程项目的规模较大或地层地质与岩土性质较复杂时，往往须进行少量必要的勘察工作，以掌握关于场地湿陷类型、湿陷量大小、湿陷性黄土层的分布与厚度变化、地下水位的深浅及有无影响场址安全使用的不良地质现象等基本情况。有时在可行性研究阶段会有多个场址方案，这时就有必要对它们分别做一定的勘察工作，以利于场址的科学选择。

场址选择或可行性研究勘察阶段，应进行下列工作。

①搜集拟建场地有关的工程地质、水文地质资料及地区的建筑经验。

②在搜集资料和研究的基础上进行现场调查，了解拟建场地的地形地貌和黄土层的地质时代、成因、厚度、湿陷性，有无影响场地稳定的不良地质现象和地质环境等问题。

地质环境对拟建工程有明显的制约作用，在场址选择或可行性研究勘察阶段，对地质环境进行调查了解很有必要。例如，沉降尚未稳定的采空区，有毒、有害的废弃物等，在勘察期间必须详细调查了解和探查清楚。

不良地质现象，包括泥石流、滑坡、崩塌、湿陷凹地、黄土溶洞、岸边冲刷、地下潜蚀等内容。地质环境，包括地下采空区、地面沉降、地裂缝、地下水的水位升降、工业及生活废弃物的处置和存放、空气及水质的化学污染等内容。

③对工程地质条件复杂，已有资料不能满足要求时，应进行必要的工程地质测绘、勘察和试验等工作。

④本阶段的勘察成果，应对拟建场地的稳定性和适宜性做出初步评价。

3. 初步勘察阶段

初步勘察阶段，应进行下列工作。

①初步查明场地内各土层的物理力学性质、场地湿陷类型、地基湿陷等级及其分布，预估地下水位的季节性变化幅度和升降的可能性。

②初步查明不良地质现象和地质环境等问题的成因、分布范围，对场地稳定性的影响程度及其发展趋势。

③当工程地质条件复杂，已有资料不符合要求时，应进行工程地质测绘，其比例尺可采用1∶1000~1∶5000。

初步勘察勘探点、线、网的布置，应符合下列要求。

①勘探线应按地貌单元的纵、横线方向布置，在微地貌变化较大的地段予以加密，在平缓地段可按网格布置。

②取土和原位测试的勘探点，应按地貌单元和控制性地段布置，其数量不得少于全部勘探点的1/2。

③勘探点的深度应根据湿陷性黄土层的厚度和地基压缩层深度的预估值确定，控制性勘探点应有一定数量的取土勘探点穿透湿陷性黄土层。

④对新建地区的甲类建筑和乙类中的重要建筑，应进行现场试坑浸水试验，并应按自重湿陷量的实测值判定场地湿陷类型。

⑤本阶段的勘察成果，应查明场地湿陷类型，为确定建筑物总平面的合理布置提供依据，对地基基础方案、不良地质现象和地质环境的防治提供参数与建议。

4. 详细勘察阶段

勘探点的布置，应根据总平面和建筑物类别及工程地质条件的复杂程度等因素确定。详细勘察勘探点的间距，宜按表6-1确定。

表6-1 详细勘探点的间距

场地类别	甲	乙	丙	丁
简单场地	30~40m	40~50m	50~80m	80~100m
中等复杂场地	20~30m	30~40m	40~50m	50~80m
复杂场地	10~20m	20~30m	30~40m	40~50m

详细勘察阶段的主要任务有以下几点需要注意。

①详细查明地基土层及其物理力学性质指标，确定场地湿陷类型、地基湿陷等级的平面分布和承载力。湿陷系数、自重湿陷系数、湿陷起始压力均为黄土场地的主要岩土参

数，详勘阶段宜将上述参数绘制在随深度变化的曲线图上，并进行相关分析。

当挖、填方厚度较大时，黄土场地的湿陷类型、湿陷等级可能发生变化，在这种情况下应自挖（或填）方整平后的地面（或设计地面）标高算起。勘察时，设计地面标高如果不确定，则勘察方案编制宜与建设方紧密配合，使其尽量符合实际，以满足黄土湿陷性评价的需要。

②按建筑物或建筑群提供详细的岩土工程资料和设计所需的岩土技术参数，当场地地下水位有可能上升至地基压缩层的深度以内时，宜提供饱和状态下的地基强度和变形参数。

③对地基做出分析评价，并对地基处理、不良地质现象和地质环境的防治等方案做出论证和建议。

④提出施工和监测的建议。

（六）防止或减少建筑物地基浸水设计的措施

防止和减少建筑物地基浸水湿陷的设计措施，可分为地基处理、防水措施和结构措施。

地基处理措施是消除地基的全部或部分湿陷量，或采用桩基础穿透全部湿陷性黄土层，或将基础设置在非湿陷性黄土层上。

防水措施主要有以下几点。

第一，基本防水措施。在建筑物布置，场地排水，屋面排水，地面防水、散水，排水沟、管道铺设，管道材料和接口等方面，应采取措施防止雨水或生产、生活用水的渗漏。

第二，检漏防水措施。在基本防水措施的基础上，对防护范围内的地下管道，应增设检漏管沟和检漏井。

第三，严格防水措施。在检漏防水措施的基础上，应提高防水地面、排水沟、检漏管沟和检漏井等设施的材料标准，如增设可靠的防水层、采用钢筋混凝土排水沟等。

结构措施可减少或调整建筑物的不均匀沉降，或使结构适应地基的变形。

凡是划为甲类的建筑，地基处理均要求从严，不允许留剩余湿陷量。在三种设计措施中，消除地基的全部湿陷量或采用桩基础穿透全部湿陷性黄土层，主要用于甲类建筑；消除地基的部分湿陷量，主要用于乙、丙类建筑；丁类属次要建筑，地基可不处理。

防水措施和结构措施，一般用于地基不处理或消除地基部分湿陷量的建筑，以弥补地基处理的不足。

二、红黏土

（一）红黏土的成因和分布

红黏土指的是我国红土的一个亚类，即母岩为碳酸盐岩系（包括间夹其间的非碳酸盐岩类岩石）经湿热条件下的红土化作用形成的高塑性黏土，是一种特殊土类。红黏土包括原生与次生红黏土。颜色为棕红或褐黄，覆盖于碳酸盐岩系之上，其液限大于或等于50%的高塑性黏土应判定为原生红黏土。原生红黏土经搬运、沉积后仍保留其基本特征，且其液限大于45%的黏土，可判定为次生红黏土。原生红黏土比较易于判定，次生红黏土则可能具备某种程度的过渡性质。勘察中应通过第四纪地质、地貌的研究，根据红黏土特征保留的程度确定是否判定为次生红黏土。

红黏土广泛分布在我国云贵高原、四川东部、两湖和两广北部一些地区，是一种区域性的特殊土。红黏土主要为残积、坡积类型，一般分布在山坡、山麓、盆地或洼地中。其厚度变化很大，且与原始地形和下伏基岩面的起伏变化密切相关。当其分布在盆地或洼地时，其厚度变化大体是边缘较薄，向中间逐渐增厚。当下伏基岩中溶沟、溶槽、石芽较发育时，上覆红黏土的厚度变化极大。就地区而论，贵州的红黏土厚度为3~6m，超过10m者较少；云南地区一般为7~8m，个别地段为10~20m；湘西、鄂西、广西等地一般在10m左右。

（二）红黏土的主要特征

1. 成分、结构特征

红黏土的颗粒细而均匀，黏粒含量很高，尤以小于0.002mm的细黏粒为主。矿物成分以黏土矿物为主，游离氧化物含量也较高，碎屑矿物较少，水溶盐和有机质含量都很少。黏土矿物以高岭石和伊利石为主，含少量埃洛石、绿泥石、蒙脱石等，游离氧化物中Fe_2O_3多于Al_2O_3，碎屑矿物主要是石英。红黏土由于黏粒含量较高，常呈蜂窝状和棉絮状结构，颗粒之间具有较牢固的铁质或铝质胶结。红黏土中常有很多裂隙、结核和土洞存在，从而影响土体的均一性。

2. 红黏土的工程地质性质特征

①高塑性和分散性。颗粒细而均匀，黏粒含量很高，一般为50%~70%，最大可超过80%。塑限、液限和塑性指数都很大，液限一般为60%~80%，有的高达110%；塑限一般

为30%~60%，有的高达90%；塑性指数一般为25~50。

②高含水率、低密实度。天然含水率一般为30%~60%，最高可达90%，与塑限基本相当；饱和度在85%以上；孔隙比很大，一般都超过1.0，常为1.1~1.7，有的甚至超过2.0且大孔隙明显；液性指数一般都小于0.4，故多数处于坚硬或硬塑状态。

③强度较高，压缩性较低。固结快剪φ值一般为8~18°，压缩模量一般为6~16MPa，多属中—低压缩性土。

④具有明显的收缩性，膨胀现象轻微。失水后原状土的收缩率一般为7%~22%，最高可达25%，扰动土可达40%~50%，浸水后多数膨胀现象轻微，膨胀率一般均小于2%，个别较大些。某些红黏土因收缩或膨胀强烈而属于膨胀土类。

（三）红黏土地区岩土工程勘察的重点

红黏土作为特殊性土有别于其他土类的主要特征是稠度状态上硬下软、表面收缩、裂隙发育。地基是否均匀也是红黏土分布区的重要问题，因此，红黏土地区的岩土工程勘察应重点查明其状态分布、裂隙发育特征及地基的均匀性。

1. 红黏土的状态和结构分类

为了反映上硬下软的特征，勘察中应详细划分土的状态。红黏土状态的划分可采用一般黏性土的液性指数划分法，也可采用红黏土特有的含水比划分法。

红黏土的结构可根据野外观测的红黏土裂隙发育的密度特征分为三类。

红黏土的网状裂隙分布，与地貌有一定联系，如坡度、朝向等，且呈由浅而深递减之势。红黏土中的裂隙会影响土的整体强度，降低其承载力，是土体稳定的不利因素。

2. 红黏土的复浸水特性分类

红黏土天然状态膨胀率仅为0.1%~2.0%，其胀缩性主要表现为收缩，收缩率一般为2.5%~8%，最大达14%。但在缩后复浸水，不同的红黏土有明显的不同表现，根据统计分析提出了经验方程1≈1.4+0.0066wt，以此对红黏土进行复浸水特性划分。

Ⅰ类者，复浸水后随含水量增大而解体，胀缩循环呈现胀势，缩后土样大于原始高涨量，逐次积累以崩解告终；风干复浸水，土的分散性、塑性恢复，表现出凝聚与胶溶的可逆性。Ⅱ类者，复浸水土的含水量增量微，外形完好，胀缩循环呈现缩势，缩量逐次积累，缩后土样小于原始高涨量；风干复浸水，干缩后形成的团粒不完全分离，土的分散性、塑性降低，表现出胶体的不可逆性。

这两类红黏土表现出不同的水稳性和工程性能。

3. **红黏土的地基均匀性分类**

红黏土地区地基的均匀性差别很大，按照地基压缩层范围内岩土组成分为两类。如果地基压缩层范围均为红黏土，则为均匀地基；否则，上覆硬塑红黏土较薄，红黏土与岩石组成的土岩组合地基，是很严重的不均匀地基。

(四)红黏土地基勘察的基本要求

红黏土地区的工程地质测绘和调查，是在一般性的工程地质测绘基础上进行的，其内容与要求可根据工程和现场的实际情况确定。下列五方面的内容宜着重查明，工作中可以灵活掌握，有所侧重或有所简略。

1. 不同地貌单元红黏土的分布、厚度、物质组成、土性等特征及其差异。

2. 下伏基岩岩性、岩溶发育特征及其与红黏土土性、厚度变化的关系。

3. 地裂分布、发育特征及其成因，土体结构特征，土体中裂隙的密度、深度、延展方向及其发育规律。

4. 地表水体和地下水的分布、动态及其与红黏土状态垂向分带的关系。

5. 现有建筑物开裂原因分析，当地勘察、设计、施工经验，有效工程措施及其经济指标。

(五)勘察工作的布置

1. **勘探点间距**

由于红黏土具有垂直方向状态变化大、水平方向厚度变化大的特点，因而勘探工作应采用较密的点距，查明红黏土厚度和状态的变化，特别是土岩组合的不均匀地基。初步勘察勘探点间距宜按一般地区复杂场地的规定进行，取 30~50m；详细勘察勘探点间距，对均匀地基宜取 12~24m，对不均匀地基宜取 6~12m，并沿基础轴线布置。厚度和状态变化大的地段，勘探点间距还可加密，应按柱基单独布置。

2. **勘探孔的深度**

红黏土底部常有软弱土层，基岩面的起伏也很大，故各阶段勘探孔的深度不宜单纯根据地基变形计算深度来确定，以免漏掉对场地与地基评价至关重要的信息。对于土岩组合不均匀的地基，勘探孔深度应达到基岩，以便获得完整的地层剖面。

3. **施工勘察**

当基础方案采用岩石端承桩基、场地为有石芽出露的Ⅱ类地基或有土洞须查明时应进行施工勘察，其勘探点间距和深度应根据需要单独确定，确保安全需要。对Ⅱ类地基上的各级建筑物，基坑开挖后，对已出露的石芽及导致地基不均匀性的各种情况应进行施工验槽工作。

4. **地下水**

水文地质条件对红黏土评价是非常重要的因素，仅仅通过地面的测绘调查往往难以满足岩土工程评价的需要。当岩土工程评价需要详细了解地下水埋藏条件、运动规律和季节变化时，应在测绘调查的基础上补充地下水的勘察、试验和观测工作。

5. **室内试验**

红黏土的室内试验除应满足一般黏性土试验要求外，对裂隙发育的红黏土应进行三轴剪切试验或无侧限抗压强度试验，必要时可进行收缩试验和复浸水试验。当须评价边坡稳定性时，宜进行重复剪切试验。

三、软土

我国的沿海平原地区广泛分布有海相沉积的软土，在内陆低洼积水的静水或缓慢流水环境中，经生物化学作用形成的沉积物称内陆软土，包括淤泥、淤泥质土、泥炭、泥炭质土等。软土是指天然孔隙比大于或等于 1.0，且天然含水率大于液限的细粒土，包括淤泥、淤泥质土、泥炭、泥炭质土等。

软土的工程特性是高压缩、低强度、高灵敏度和低透水性，在较大的地震力作用下易出现震陷，在施工开挖或沉桩等外力作用下会出现触变性。软土地层往往具有良好的水平层理，互层中常伴有薄层粉土韵律结构或薄透镜体，成为软土层中的变异土层。随着工程建设规模的发展，常出现大底盘地下室、地下空间开采利用的深大基坑和地下通道，以及预制钢筋混凝土方桩、管桩、沉管灌注桩等挤土型工程桩，在软土地基中常会出现边坡失稳、挤土效应、坑底土回弹隆起等现象，需要采取工程措施来解决。勘察中应仔细判别与测试，充分反映其特性和对工程的影响。

(一)软土地基勘测中应查明的内容和要求

软土地基勘察除符合通常的勘察要求外，尚应调查下列内容：

1. 成因类型、时代、成层条件、分布规律、层理特征、水平向和垂直向的均匀性，包含物的含量和分布；

2. 固结历史、应力水平和结构破坏对强度和变形的影响；

3. 微地貌形态和暗埋的塘、浜、沟、坑、穴的分布、埋深，回填土及浅层气的存在与现状。

(二)勘察地基勘测方法及内容

1. 对软土的勘察宜采用钻探取样与原位测试相结合的方法。由于钻探取样与原位测试各有优点和不足，两者相结合可以取长补短，弥补单一勘察方法的不足，提高勘察的质量。适宜软土的原位测试方法很多，如静力触探试验、十字板剪切试验、旁压试验、扁铲侧胀试验和深层载荷螺旋压板试验等，采用哪几种原位测试方法要根据工程特点和要求进行。其中静力触探试验是连续性贯入试验，试验的同时可以进行力学分层，在我国软土地区应用较为广泛，积累了丰富的经验。

2. 软土地区的勘察间距应针对不同成因类型的软土和地基复杂程度采用不同的布置原则。勘探点布置应根据软土的成因类型和地基复杂程度确定，当软土层变化较大或有暗埋的塘、浜、河、沟、坑、穴时应予加密。

3. 软土取样应采用薄壁取土器，主要目的是保证软土的取土质量并减少扰动。

4. 软土的室内土工试验应密切结合工程要求进行，软土由于沉积的时代不同，其应力史和固结度也不同，因此不同时代的软土性质差异较大。室内试验除常规试验确定物理力学参数外，应根据工程要求，确定软土的先期固结压力、压缩指数、回弹指数、固结系数等。压缩系数宜采用含小压力的常规固结试验；抗剪强度指标宜采用直接剪切试验、三轴试验；当有机质较多时，应进行有机质含量试验。

(三)软土的岩土工程评价

软土的岩土工程评价应考虑其特殊性。当采用天然地基浅埋基础时，应判定地基失稳和建筑物下卧软弱层的不均匀性造成过大沉降差的可能；当砌筑河浜驳坎挡墙或采用浅埋基础的建筑物、构筑物位于河、塘岸边时，应评价其边坡稳定性；当基坑（槽）壁面或坑底为软土时，应评价坑壁软土层由于上覆压力过大产生挤出或坑底软土超过其允许强度而引起坑底软土隆起滑移的可能性。

对软土的地基承载力特征值的确定，不应是个定值，应综合考虑应力应变关系和固结度，软土的成层条件、应力史、结构性、灵敏度、触变性等力学特性和地下水位及其升降变化条件；上部建筑物、构筑物形式、整体结构刚度和平面荷载分布、上部建筑地基基础共同作用的协调性、施工流程和加荷速率等，根据室内试验结果、原位测试数据和当地成熟经验来综合确定。

当建筑区内出现以下情况时，相邻荷载相差较大，既有建筑相邻太近，建筑场地上有大厚度新、松回填土，邻近有大面积堆载，既有建筑边开挖基坑基槽，基坑周边有地下构筑物或管线须做保护，应分析软土地基的不利影响，做出评价并提请设计重点关注，采取相应措施。对于深厚软土地区的浅埋基础，当上部有“硬壳层”时，应分析其性质、厚度、埋藏与分布均匀性，判析作为浅基持力层的可能性，提出基础埋深建议，并提出按双层地基验算软弱下卧层强度，且应按分层总和法验算沉降，结合当地经验进行系数修正。

软土的岩土工程评价应包括下列内容：

1. 分析地基产生失稳和不均匀变形的可能性。

2. 软土的地基承载力特征值应根据室内试验、原位测试和当地经验，并结合下列因素综合确定：

①软土成因、应力历史、结构性、灵敏度等特性；

②上部结构的类型、刚度、荷载性质、大小和分布，对不均匀沉降的敏感性；

③基础的类型、尺寸、埋深和刚度等；

④施工方法、程序及加荷速率。

3. 当建筑物相邻高低层荷载相差较大时，应分析其变形差异和相互影响；当有大面积堆载时，应分析对相邻建筑物的不利影响。

4. 地基沉降计算可采用分层总和法，必要时应考虑软土的次固结效应。

5. 提出选用基础形式和持力层的建议，对于上硬下软的双层土地基应进行下卧层验算。

6. 对于泥炭、泥炭质土，应分析和评价对水泥土桩成桩的影响。

第二节　不良地质及地质灾害勘测技术

滑坡、危岩和崩塌、泥石流、采空区、活动断裂及地裂缝、地面沉降等不良地质作用，极易产生地质灾害，严重威胁工程安全，危害巨大。此外，滑坡、危岩和崩塌、泥石流、采空区、活动断裂及地裂缝等不良地质作用勘察范围往往超出工程项目的建设红线，地基勘察范围和深度已远远不能满足要求，需要进行相应的专门性勘察。不良地质作用主要解决场地稳定性问题，工程勘察特别是详勘阶段的勘察主要解决地基问题。

本节主要针对岩溶、地面沉降的不良地质作用，滑坡、危岩和崩塌、泥石流等地质灾害的勘测技术进行详细阐述。

一、岩溶

地下水和地表水对可溶性岩石的破坏和改造作用及其所产生的地貌现象和水文地质现象称为岩溶，国际上称为喀斯特。

（一）岩溶类型

以下是岩溶形成必须同时具备的几个条件。

1. 具有可溶性岩层。

2. 具有溶蚀性水（含有 CO_2的地表水和地下水）。

3. 具有良好的水循环交替条件。由此可见，岩溶的形成、发育及发展是一个复杂、漫长的地质作用过程，与岩溶发育关系密切的岩性、气候、地形地貌、地质构造、新构造运动的差异会形成不同形态与类型的岩溶。

通常，按气候条件、形成时代、形态特征、埋藏条件、可溶岩岩性、水文地质条件等可以对岩溶做出分类。由于岩溶形态多样，因此其可直观分为地表岩溶形态类型和地下岩溶形态类型。其中，地表岩溶形态包括溶沟、石芽、石林、峰丛、孤峰、干谷、盲谷、溶蚀洼地、溶蚀准平原等；地下岩溶形态包括溶蚀漏斗、落水洞、落井、溶洞、暗河、地下湖、溶隙、溶孔等。依据岩溶埋藏条件、形成时代、区域气候条件进行的岩溶基本分类，其中的裸露型和覆盖型岩溶直接关系到各种工程建设的地基稳定性。

（二）土洞与岩溶地面塌陷

在覆盖型岩溶区，由于水动力条件的变化，常在上覆土层（主要为红黏土）中形成土洞，而土洞的存在是威胁已建和拟建的工程建筑地基稳定的潜在因素。有时在土洞形成过程中，因覆土层厚度较薄，不可能在土层中形成天然平衡拱，洞顶垮落不断向上发展，以至达到地表引起突然塌陷，形成不同规模的陷坑和裂缝，即岩溶地面塌陷。岩溶地面塌陷在自然条件下亦可发生，其规模及发展速度较慢，分布也较零星，对人类工程及经济活动的影响也不大。但是，当人类工程活动对自然地质环境的改变十分显著和剧烈时，就会在一定的条件和地点发生突然性的岩溶地面塌陷的地质灾害。例如，城市、工矿部门因供水需要而开采大量地下水，各种矿产的开采需要排水，这都会大幅度地降低地下水位，形成地下水下降漏斗。在地下水降落漏斗中心，地下水埋深为数十米至数百米，在漏斗波及范围内及其附近，可导致岩溶地面塌陷，引起铁路、公路、桥梁、水气管道、高压线路的破坏，使工业与民用建筑物等开裂、歪斜、倒塌，破坏农田，甚至造成人身安全事故。有时由于地面开裂，河水、池塘水灌入并淹没矿坑。随着城市建设规模的扩大，城市高层和超高层建筑的发展也会引起岩溶地面塌陷。

根据我国大量的岩溶地面塌陷实例分析，岩溶地面塌陷的分布具有以下特征。

1. 地面塌陷在裸露型岩溶区极为少见，主要分布在覆盖型岩溶区。当松散覆盖层的厚度较小时，岩溶地面塌陷严重。一般来说，当第四系覆盖层厚度小于 10m 时，岩溶地面塌陷严重；当第四系覆盖层厚度大于 30m 时，塌陷极少。

2. 地面塌陷多发生在岩溶发育强烈的地区，如在断裂带附近、褶皱核部、硫化矿床带、矿体与碳酸盐岩接触部位等。

3. 在抽、排地下水的降落漏斗中心附近，地面塌陷最为密集。

4. 地面塌陷常沿地下水的主要径流方向分布。

5. 在接近地下水的排泄区，因地下水位变化受河水水位的变化影响频繁而强烈，故岩溶地面塌陷亦较强烈。

6. 在地形低洼及河谷两岸平缓处易于发生岩溶地面塌陷。

(三) 岩溶场地勘察要点

岩溶勘察宜采用工程地质测绘和调查，以及工程物探、钻探等多种手段相结合的方法进行。

1. 岩溶勘察的主要内容

拟建工程场地或其附近存在对工程安全有影响的岩溶时，应进行岩溶勘察。岩溶场地的岩土工程勘察应按岩土工程勘察等级分阶段进行勘察评价，各勘察阶段的主要内容如下。

①可行性研究勘察。应查明岩溶洞隙、土洞的发育条件，并对其危害程度和发展趋势做出判断，对场地的稳定性和工程建设的适宜性做出初步评价。

②初步勘察。应查明岩溶洞隙及其伴生土洞、塌陷的分布、发育程度和发育规律，并按场地的稳定性和拟建工程适宜性进行分区。

③详细勘察。应查明拟建工程范围及有影响地段的各种岩溶洞隙和土洞的位置、规模埋深、岩溶堆填物的性状和地下水特征，对地基基础的设计和岩溶的治理提出建议。

④施工勘察。应针对某一地段或尚待查明的专门问题进行补充勘察。当采用大直径嵌岩桩时，应进行专门的桩基勘察。

2. 查明土洞和土洞群的位置

在岩溶发育的下列部位宜查明土洞和土洞群的位置。

①土层较薄、土中裂隙及其下岩体洞隙发育部位。

②岩面张开裂隙发育，石芽或外露的岩体与土体交接部位。

③两组构造裂隙交汇或宽大裂隙带。

④隐伏溶沟、溶槽、漏斗等，其上有软弱土分布的负岩面地段。

⑤地下水强烈活动于岩土交界面的地段和大幅度人工降水地段。

⑥低洼地段和地面水体近旁。

3. 采取有效方法，合理布置工作量

根据勘察阶段、岩溶发育特征、工程等级、荷载大小等综合确定工作量布局。

在可行性研究阶段和初步勘察阶段以采用工程地质测绘、综合物探方法为主，勘探点间距不应小于一般性规定，岩溶发育地段应予以加密。在测绘和物探发现异常的地段，应选择有代表性的部位布置验证性钻孔。控制性钻孔的深度应穿过表层岩溶发育带。

在可行性研究和初步勘察阶段，工程地质测绘和调查应重点调查以下内容。

①岩溶洞隙的分布、形态和发育规律。

②岩面起伏、形态和覆盖层厚度。

③地下水水位变化和运动规律。

④岩溶发育与地貌、构造、岩性、地下水的关系。

⑤土洞和塌陷的分布、形态和发育规律。

⑥土洞和塌陷的成因及其发展趋势。

⑦当地治理岩溶、土洞和塌陷的经验。

在详细勘察阶段，以工程物探、钻探、井下电视、波速测试等为主，并采用多种方法判定异常地段及其性质。其勘探线应沿建筑物轴线布置，勘探点间距视地基复杂程度等级，对一级、二级、三级分别取10~15m、15~30m、30~50m的间距。对建筑物基础以下和近旁的物探异常点或基础顶面荷载大于2000kN的独立基础，均应布置验证性勘探孔。

此阶段勘探工作应符合下列规定。

①当基底土层厚度不足时，应根据荷载情况，将部分或全部勘探孔钻入基岩；当预定深度内有洞体存在，且可能影响地基稳定时，应钻入洞底基岩面不少于2m，必要时应圈定洞体范围。

②对一柱一桩的基础，宜逐柱布置勘探孔。

③在土洞和塌陷发育地段，可采用静力触探、轻型动力触探、小口径钻头等手段，详细查明其分布情况。

④当须查明断层、岩组分界、洞隙和土洞形态、塌陷等情况时，应布置适当的探槽或

探井。

⑤物探应根据物性条件采用有效方法，对异常点采用钻探验证，当发现或可能存在危害工程的洞体时，应加密勘探点。

⑥凡人员可以进入的洞体，均应入洞勘察；人员不能进入的洞体，宜用井下电视等手段探测。

施工勘察工作量应根据岩溶地基设计和施工要求布置。在土洞、塌陷地段，可在已开挖的基槽内布置触探或钎探。对重要或荷载较大的工程，可在槽底采用小口径钻探进行检测。对大直径嵌岩桩，勘探点应逐桩布置，勘探深度应不小于桩底面以下 5m，当相邻桩底的基岩面起伏较大时应适当加深。

4. 测试和观测宜符合的要求

岩溶勘察的测试和观测宜符合如下要求。

①当追索隐伏洞隙的联系时，可进行连通试验。

②评价洞隙稳定性时，可采取洞体顶板岩样及充填物土样做物理力学性质试验，必要时可进行现场顶板岩体的载荷试验。

③当须查明土的性状与土洞形成的关系时，可进行湿化、胀缩、可溶性和剪切试验。

④查明地下水动力条件、潜蚀作用，地表水与地下水的联系，预测土洞和塌陷的发生、发展状况时，可进行流速、流向测定和水位、水质的长期观测。

(四)岩溶场地的工程防治措施

岩溶场地的工程防治措施有以下五点。

1. 重要建筑物宜避开岩溶强烈发育区。

2. 当地基含石膏、岩盐等易溶岩时，应考虑溶蚀继续作用的不利影响。

3. 不稳定的岩溶洞隙应以地基处理为主，并根据岩溶洞隙的形态、大小及埋深，采取清爆换填、浅层楔状填塞、洞底支撑、梁板跨越、调整柱距等处理方法。

4. 岩溶水的处理宜以疏导为主，但为了防止引发地面塌陷，有时也采用堵塞的方法。

5. 在未经有效处理的隐伏土洞或地面塌陷影响范围内，不应选作天然地基；对土洞和塌陷，宜采用地表截流、防渗堵漏、挖填灌堵岩溶通道、通气降压等方法进行处理，同时采用梁板跨越；对重要建筑物应采用桩基或墩基，并应优先采用大直径墩基或嵌岩桩。

二、地面沉降

地面沉降是一种环境地质灾害。它是由人为开采地下水、石油和天然气而造成地层压密变形，从而导致区域地面高程下降的地质现象。由于长期过量开采地下承压水而产生的地面沉降在国内外均较普遍，而且多发生在人口稠密、工业发达的大中城市地区。例如，我国的上海、天津、西安、太原等城市地面沉降曾一度严重影响到城市规划和经济发展，使城市地质环境恶化，建（构）筑物不能正常使用，给国民经济造成了极大损失。

(一)地面沉降机理

抽取地下水，主要是抽取地下承压水作为工业及生活用水。在承压含水层中，持续过量地抽取地下水引起承压水位下降。根据太沙基有效应力原理及其固结方程：当在含水层中抽水，水位下降时，相对隔水的黏土层中的总应力近似保持不变，由孔隙水承担的压力部分——孔隙水压力随之减小，由固体颗粒承担的压力部分——有效应力则随之增大，从而导致土层压密，地表产生沉降变形。另外，含水砂层中抽水诱发的管涌和潜蚀也是地层压密变形的一个重要原因。

1. 砂层的变形

砂层的变形源于两方面。一方面是潜蚀造成的变形。在地下水的开采中，主要是在地下承压水的过量开采中，在一定的水力坡降条件下，抽水井开采段周围的含水层会发生管涌，一定量的粉细砂被带到地面，含水砂层在上覆土层重力作用下产生压密变形。另一方面是在抽水过程中，孔隙水压力减小，有效应力增加使砂土产生近弹性压密变形。前人研究结果证明，砂在室内一维高压试验中具有一定的压缩性，砂层在0.7~63MPa压力时产生压碎性压密。但实际在大多数情况下，由水头降落造成的有效应力增加尚不足以使砂层产生压碎性压密，而只是一种近弹性压缩变形。这种近弹性压缩变形，随着地下水位的回升，变形会得到回弹，这种情况在上海地面沉降治理及西安地面沉降水准监测中已得到证实。

2. 黏性土层的变形

在承压含水层中抽取地下水，引起承压水头下降，含水层和相邻黏性土层之间产生水头差，黏性土层中部分孔隙水向含水砂层释放，使黏性土层中孔隙水压力减小，而有效应力增大，从而使黏性土颗粒产生不可逆的微观位移，不规则接触的黏土矿物颗粒趋于紧密而产生固结变形。

由于黏性土层中孔隙水压力向有效应力的转化不像砂层那样“急剧”，而是缓慢地、逐渐地变化的，因此黏性土中孔隙比的变化也是缓慢的，黏性土的压密（或压缩）变形也需要一定时间完成（几个月、几年甚至几十年，这主要取决于土层的厚度和渗透性）。一般情况下，地面沉降的发生是滞后于承压水头下降的。但如果黏性土层孔隙比和渗透系数比较大，砂层和黏性土层呈不等厚度层状分布的话，就有利于孔隙水压力的消散（或转化），地面沉降变形滞后于承压水头下降就不很明显。

室内试验和地面沉降区的分层标测量资料表明，在较低的压力下含水砂层（砾石）等粗颗粒沉积物的压缩性是很小的，且主要是弹性、可逆的；而黏土等细分散土层的压缩性则大得多，而且主要是永久变形的。因此，在较低的有效应力增长条件下，黏性土层压密在地面沉降中起主要作用；而在水位回升过程中，砂层的膨胀回弹则起决定性作用。

(二) 地面沉降的勘察要点

地面沉降勘察的主要任务有以下两种。

一是对已发生地面沉降的地区，应查明地面沉降的原因和现状，并预测其发展趋势，提出控制和治理方案。

二是对可能发生地面沉降的地区，应结合水资源评价预测发生地面沉降的可能性，并对可能的沉降层位做出估计，对沉降量进行估算，提出预防和控制地面沉降的建议。

1. 调查地面沉降原因

地面沉降研究成果表明，地面沉降区都位于厚度较大的第四纪松散堆积区；地面沉降机制与产生沉降的土层的地质、成因及其固结历史、固结状态、孔隙水的赋存形式及其释水机理等有密切关系，故调查地面沉降原因应从工程地质条件、地下水埋藏条件和地下水动态三方面进行。

工程地质条件包括场地的地貌和微地貌，第四纪堆积物的年代、成因、厚度和埋藏条件与土性特征，硬土层和软弱压缩层的分布，地下水位以下可压缩层的固结状态和变形参数。

地下水埋藏条件包括含水层和隔水层的埋藏条件和承压性质，含水层的渗透系数、单位涌水量等水文地质参数，地下水的补给、径流、排泄条件，含水层间或地下水与地面水的水力联系。

地下水动态包括历年地下水位、水头的变化幅度和速率，历年地下水的开采量和回灌量，开采或回灌的层段，地下水位下降漏斗及回灌时地下水反漏斗的形成和发展过程。

2. 地面沉降勘察的技术方法

地面沉降勘察主要采用以下技术方法。

①调查收集本地区多年地面沉降累积量、每年沉降速率，绘制等值线分布图。

②调查收集地下水开采井的分布，地下水开采的历史及现状，地下水位及分布情况。

③工程地质测绘和调查。

④建立监测网、精密水准监测。

⑤勘探通过钻探、槽探、井探来观察、鉴别地层情况，并采取水样、原状土样。钻探孔可以有水文地质孔和工程地质孔两种，其中水文地质孔主要用于抽水试验和水位观测，工程地质孔主要用于土层鉴别、采取原状土样并兼做孔隙水压力测试等。

⑥土工试验。土工试验包括室内土工试验和现场原位测试。室内土工试验主要包括颗粒分析试验和含水量、重度、土的比重、液塑限、抗剪强度等试验与常规压缩固结试验，以及水质分析、高压固结试验，循环加荷固结试验等特殊性试验。原位测试主要有抽水试验、孔隙水压力测试等。土工试验的目的就是为地面沉降分析计算提供有关岩土物理力学及水化学性质的指标。

(三)地面沉降治理与控制的对策和措施

地面沉降一旦产生，就很难恢复。因此，对于已发生地面沉降的地区，一方面应根据所处的地理环境和灾害程度，因地制宜采取治理措施，以减轻或消除危害；另一方面还应在查明沉降影响因素的基础上，及时主动地采取控制地面沉降继续发展的措施。

1. 对已发生地面沉降的地区，可根据工程地质、水文地质条件采取下列治理方案。

①减小地下水开采量和水位降深，调整开采层次，合理开发。当地面沉降发展剧烈时，应暂时停止开采地下水。

②对地下水进行人工补给，回灌时应控制回灌水源的水质标准，以防止地下水被污染，并应根据地下水动态和地面沉降规律，制订合理的回灌方案。人工补给、回灌的方法在上海地面沉降的治理、控制中已取得了较好的成效。

③限制工程建设中的人工降低地下水位行为。

④采取开源与节流并举的措施。开源与节流是压缩地下水开采量的保证，也是控制地面沉降的间接措施。开源就是开辟新的水源地，主要包括修建引水明渠或输水廊道，引进沉降区以外的地表水；开发覆盖层下的基岩裂隙水和岩溶水；污水处理（中水）再利用；海水利用。节流就是要调整城市供水计划，制定行政法规，如“地下水资源管理细则”“城市节约用水规定”等，以促进节水工作。如天津的引滦入津工程、西安的黑河引水工程就是实施开源。江浙沪地区联动禁止地下水开采等是控制地面沉降的有力措施，取得了良好的地面沉降控制效果。

2. 对可能发生地面沉降的地区应预测地面沉降的可能性和估算沉降量，并可采取下列预测和防治措施。

①根据场地工程地质、水文地质条件，预测可压缩层的分布。

②根据抽水试验、渗透试验、先期固结压力试验、流变试验、载荷试验等测试成果和沉降观测资料，计算分析地面沉降量和发展趋势。

③提出合理开发地下水资源、限制人工降低地下水位及在地面沉降区进行工程建设应采取措施的建议。在提出地下水资源合理开采方案之前，应先根据已有条件确定开采区的临界水位值。因为临界水位就是不引起地面沉降或不引起明显地面沉降的地下水位界线，它是决策部门制订合理开发地下水资源方案的重要科学依据。在我国，对于超固结地层，常用先期固结压力确定临界水位值。

④开展风险区内道路脱空检测和地下管网渗漏检测，全面、准确查明区内道路路基下的空洞、疏松体、富水体发育情况和沿线地下涉水管网的分布和质量状况，摸清底数，排除隐患。

⑤开展风险区内暗河暗浜精细调查和探测，全面、准确查明区内地下暗河暗浜分布情况和回填情况，掌握本区地下土体环境的工程质量状况，摸清底数，提前预防。

⑥开展风险区高精度路面塌陷地质风险评估工作，在立足本次初步圈定风险区域的基础上，针对全区路网体系，获取高精度的地下管网、地下暗河暗浜、地下水环境和地下地质结构条件等数据，系统评估区内路面塌陷风险，为城市运行地质安全风险防控提供决策依据。

⑦建立路面塌陷风险防控机制，体系化实施路面塌陷风险调查、风险监测、风险预警和风险应急处置闭环管理，确立风险管控流程，针对城市规划、建设和运行全过程落实相关程序和体制机制。

⑧加强路面塌陷风险防控相关基础数据、监测数据的常态化归集，研究建立数字化一体化防控平台，提升路面塌陷风险数字化管控能力和水平。

三、滑坡

滑坡是斜坡失稳的主要形式之一。无论是岩质斜坡，还是土质斜坡，由于受到地层岩性水的作用、地震及人类工程活动等因素的影响，坡体沿贯通的剪切破坏面或带，以一定加速度下滑，对工程建筑及人们生命财产造成极大危害。滑坡发生的主要特点是必备临空面和滑动面。

(一) 滑坡分类

为了便于分析和研究滑坡的影响因素、发生原因及滑坡的发生、发展、演化规律，并有效地进行预防和治理，对滑坡进行分类是非常必要的。

实际工程中，按岩土体类型、滑面与岩层层面关系、滑面形态、滑坡体厚度及滑坡始滑部位分类最为常见。

（二）滑坡勘察要点

拟建工程场地或其附近存在对工程安全有影响的滑坡或有滑坡可能时，应进行专门的滑坡勘察。

滑坡岩土工程勘察的主要目的和任务是查明滑坡的范围、规模、地质背景、性质及其危害程度，分析滑坡的主、次条件和滑坡原因，并判断其稳定程度，预测其发展趋势和提出预防与治理方案建议。在滑坡勘察中，勘察要点主要包括以下内容。

1. 滑坡勘察阶段划分

滑坡勘察阶段划分不一定与具体工程的设计阶段完全一致，但一定要看滑坡的规模、性质对拟建工程的可能危害潜势。例如，有的滑坡规模大，对拟建工程影响严重，即使为初步设计阶段，对滑坡也要进行详细勘察，以免出现由于滑坡问题否定场址，从而造成浪费。

2. 滑坡勘察的工程地质测绘和调查

滑坡勘察应进行工程地质测绘和调查，调查范围应包括滑坡及其邻近地段。比例尺可选用1：1000~1：200。用于整治设计时，比例尺应选用1：500~1：200。滑坡区工程地质测绘和调查的主要内容如下。

①搜集地质、水文、气象、地震和人类活动等相关资料。

②调查滑坡的形态要素和演化过程，圈定滑坡周界。

③调查地表水、地下水、泉和湿地等的分布。

④调查树木的异态、工程设施的变形等。

⑤调查当地整治滑坡的经验。

⑥对滑坡的重点部位应摄影和录像。

3. 滑坡勘察的勘探工作量布置

滑坡勘察中以钻探、触探、坑探（包括井探、槽探、洞探）和物探为主，其工作量布置应根据工程地质条件、地下水情况和滑坡形态确定，并应符合下列要求。

①勘探线、勘探孔的布置应根据组成滑坡体的岩土种类、性质和成因，滑动面的分布、位置和层数，滑动带的物质组成和厚度，滑动方向，滑带的起伏及地下水等情况综合

确定。除沿主滑方向布置勘探线外，在其两侧及滑坡体外也应布置一定数量的勘探孔。勘探孔的间距不宜大于 40m，在滑坡体转折处和预计采取工程措施（如设置地下排水和支挡设施）的地段，也应布置勘探点。

②勘探孔的深度应穿过最下一层滑面，进入稳定地层，控制性勘探孔的深度应深入稳定地层一定深度，从而满足滑坡治理需要。

③滑坡勘探工作的重点包括查明滑坡面（带）的位置，查明各层地下水的位置、流向和性质，在滑坡体、滑坡面（带）和稳定地层中采取土试样进行试验。

4. 确定滑坡滑动面的位置

对工程地质测绘和调查及其他勘探成果进行综合分析，确定可靠的滑坡滑动面的位置及其形态。

①直接连线法。根据工程地质测绘确定的前后缘位置和勘探获得的软弱结构面及地下水位（一般初见水位在软弱面之上）相连线，即为滑坡滑动面位置及其形态。这种方法在顺层滑坡中被广泛应用。

②综合分析法。比较复杂的滑坡，如切层滑坡、风化带中的滑坡，其滑面深度及其形态都较复杂，难以确定，这就须用工程地质测绘和调查、滑坡动态观测、工程物探、钻探等勘察技术方法获取到的地质、水文地质、工程地质等资料再进行综合分析确定。

5. 滑动面（带）岩土抗剪强度的确定

滑坡滑动面（带）岩土抗剪强度，主要采用试验方法确定，也可采用反分析方法检验滑动面抗剪强度指标。

①采用室内、野外滑面重合剪，滑动面（带）宜作重塑土或原状土的多次剪试验，并求出多次剪和残余剪的抗剪强度。

②采用与滑动受力条件相似的方法（快剪、饱和快剪或固结快剪）。

③采用反分析方法检验滑动面（带）的抗剪强度指标。应采用滑动后实测的主滑断面进行计算。对正在滑动的滑坡，其稳定系数可取 0.95~1.00；对处于暂时稳定的滑坡，稳定系数可取 1.00~1.05。宜根据抗剪强度的试验结果及经验数据，给定黏聚力或内摩擦角 φ 的值，从而反求出另一值。反分析时，当滑动面（带）上下土层以黏性土为主时，可以假定 C 值，反求 φ 值；当滑动面（带）上下土层为砂土或碎石土时，可假定 C 值，反求 φ 值，这样比较容易判断反求的值的合理性和正确性。

(三) 滑坡的治理措施

滑坡主要从以下七方面采取措施进行治理。

1. 防止地面水侵入滑坡体，宜填塞裂缝和消除坡体积水洼地，并采取排水天沟截水或在滑坡体上设置不透水的排水明沟或暗沟，以及种植蒸腾量大的树木等措施。

2. 对地下水丰富的滑坡体可采取在滑坡体外设截水盲沟和泄水隧洞或在滑坡体内设支撑盲沟和排水仰斜孔、排水隧洞等措施。

3. 当仅考虑滑坡对滑动前方工程的危害或只考虑滑坡的继续发展对工程的影响时，可按滑坡整体稳定极限状态进行设计。当须考虑滑坡体上工程的安全时，除考虑整个滑体的稳定性外，还应考虑坡体变形或局部位移对滑坡整体稳定性和工程的影响。

4. 对于滑坡的主滑地段可采取挖方卸荷、拆除已有建筑物等减重辅助措施；对抗滑地段可采取堆方加重等辅助措施。当滑坡体有继续向其上方发展的可能时，应采取排水、抗滑桩措施，防止滑体松弛后减重失效。

5. 采取支撑盲沟、挡土墙、抗滑桩、抗滑锚杆、抗滑锚索（桩）等措施时，应对滑坡体越过支挡区或对抗滑构筑物基底破坏进行验算。

6. 宜采用焙烧法、灌浆法等措施改善滑动带的土质。

7. 对于规模较大的滑坡应进行动态监测，监测内容包括滑动带的孔隙水压力；滑坡及其各部分移动的方向、速度及裂缝的发展；支挡结构承受的作用力及位移；滑坡体内外地下水位、水温、水质、流向及地下水露头的流量和水温等；工程设施的位移。

四、危岩和崩塌

危岩和崩塌是威胁山区工程建设的主要地质灾害。危岩是指岩体被结构面切割，在外力作用下产生松动和塌落的岩体；崩塌是指危岩或土体在重力或有其他外力作用下的塌落过程及其产物。崩塌后，崩落的岩体（土体）顺坡向猛烈地翻滚、跳跃，最后堆积于坡脚。危岩和崩塌一般发生在厚层坚硬的脆性岩体中（一些垂直裂隙发育的土质斜坡中也有发生）。巨型崩塌常常发生在块体状斜坡中，平缓的岩性软硬相间的层状或互层状陡坡中，多以局部崩塌或危岩坠落为主，当拟建工程场地或附近存在对工程安全有影响的危岩或崩塌时，应进行危岩和崩塌的勘察。

(一) 危岩和崩塌的形成条件

1. 地形条件

斜坡高陡是形成崩塌的必要条件。规模较大的崩塌，一般产生在高度大于30m、坡度大于45°的陡峻斜坡上；而斜坡的外部形状，对危岩体和崩塌的形成也有一定的影响。一般在上陡下缓的凸坡和凹凸不平的陡坡上易发生崩塌。

2. **岩性条件**

坚硬岩石具有较大的抗剪强度和抗风化能力，能形成陡峻的斜坡，当岩层节理裂隙发育，岩石破碎时易产生崩塌；软硬岩石互层，由于风化差异，形成锯齿状坡面，当岩层上硬下软时，上陡下缓或上凸下凹的坡面亦容易产生崩塌。

3. **结构条件**

岩层的各种结构面，包括层面、裂隙面、断层面等，如果存在抗剪强度较低或对边坡稳定不利的软弱结构面，当这些结构面倾向临空面时，被切割的不稳定岩块易发生崩塌。

4. **其他条件**

如昼夜温差变化、暴雨、地震、不合理的采矿或开挖边坡、地表水冲刷坡脚，可促使危岩和崩塌的发生。

昼夜温差变化大，会促进岩石的风化，加剧各种结构面的发育，为崩塌创造有利条件；暴雨使地表雨水大量渗入岩层裂隙，增加岩石的重量并产生静水压力和动水压力。与此同时，深入岩体裂隙中的水冲刷、溶解和软化裂隙充填物，从而降低斜坡稳定性，促使岩土体产生崩塌；地震使斜坡岩土体突然承受巨大的惯性荷载，促使危岩形成和崩塌的发生；盲目开采矿产和不合理的顶板处理方法、开挖边坡过高过陡等，也是造成危岩和崩塌的常见原因。

(二)危岩和崩塌的分类

对危岩和崩塌进行分类，便于对潜在的崩塌体进行稳定性评价和预防治理。国内外对危岩和崩塌的分类尚无统一标准，以下介绍的是国内工程勘察单位较为常见的几种分类方法。

1. 按危岩和崩塌体的岩性划分为：岩体型、土体型、混合型。

2. 按崩塌发生的原因划分为：断层型、节理裂隙型、风化碎石型、硬软岩接触带型。

3. 根据崩塌区落石方量和处理的难易程度划分为：

Ⅰ类：崩塌区落石方量大于 5000m^3，规模大，破坏力强，破坏后果很严重。

Ⅱ类：崩塌区落石方量为 500~5000m^3。

Ⅲ类：崩塌区落石方量小于 500m^3。

但实际上，由于对城市和乡村、建筑物和线路工程，崩塌造成的后果很不一致，难以用某一具体标准衡量，因此在实际应用时应有所说明。

4. 根据崩塌的发展模式划分为倾倒式、滑移式、鼓胀式、拉裂式、错断式五种基本类型及其过渡类型。

(三) 危岩和崩塌的勘察评价要点

危岩和崩塌勘察宜在可行性研究或初步勘察阶段进行，应查明产生崩塌的条件及其规模类型、范围，并对工程建设适宜性进行评价，提出防治方案的建议。勘察过程中以工程地质测绘和调查为主，并对危害工程设施及居民安全的崩塌体进行监测和预报。

1. 比例尺

危岩和崩塌地区工程地质测绘的比例尺宜采用 1：1000~1：500，崩塌方向主剖面的比例尺宜采用 1：200，并应查明下列内容。

①危岩和崩塌区的地形地貌及崩塌类型、规模、范围，崩塌体的大小和崩落方向。

②岩体基本质量等级、岩性特征和风化程度。

③危岩和崩塌区的地质构造，岩体结构类型，结构面的产状、组合关系、闭合程度、力学属性、延展及贯穿情况。

④气象（重点是大气降水）、水文、地震和地下水活动情况。

⑤崩塌前的迹象和崩塌的原因。

⑥当地防治危岩和崩塌的经验。

2. 监测和预报

当遇到下列情况时，应对危岩和崩塌进行监测和预报。

①当判定危岩的稳定性时，宜对张裂缝进行监测。

②对有较大危害的大型危岩和崩塌，应结合监测结果，对可能发生崩塌的时间、规模、滚落方向、途径、危害范围等做出预报。

3. 防治方案

应确定危岩和崩塌的范围和危险区，对工程场地的适宜性做出评价和提出防治方案。

①规模大，破坏后果很严重，难以治理的，不宜作为工程场地，线路应绕避。

②规模较大，破坏后果严重的，应对可能产生崩塌的危岩进行加固处理，线路应采取防护措施。

③规模小，破坏后果不严重的，可作为工程场地，但应对不稳定危岩采取治理措施。

(四) 崩塌的治理措施

对于按崩塌区落石方量划分的不同类别的崩塌区，主要采用以下对策。

Ⅰ类崩塌区难以处理，不宜作为工程场地，线路工程应绕避开。

Ⅱ类崩塌区，当坡角与拟建建筑物之间不能满足安全距离的要求时，应对可能产生崩塌的危岩进行加固处理，对线路工程应采取防护措施。

Ⅲ类崩塌区易于处理，可以作为工程场地，但应对不稳定危岩采取治理措施。

可见，崩塌的治理主要是针对Ⅱ类和Ⅲ类崩塌区而言的，目前主要采取的治理措施有以下几种。

1. 对Ⅱ类崩塌区，可修筑明洞、防倒塌棚架等防崩塌构筑物。

2. 对Ⅱ类和Ⅲ类崩塌区，当建筑物或线路工程与坡角间符合安全距离要求时，可在坡脚或半坡脚设置起拦截作用的挡石墙和拦石网。

3. 对于Ⅲ类崩塌区，应在危岩下部修筑支柱等支挡加固设施，也可以采用锚索或锚杆串联加固。

在对崩塌的治理中，尤其在铁路、公路线两侧斜坡崩塌的整治中，一种以钢绳网为主要构成材料的崩塌落石柔性拦石网系统（safety netting system，SNS）更能适应于抗击集中荷载或高冲击荷载，其已经得到广泛应用。

五、泥石流

泥石流是发生在山区的一种自然地质灾害，是洪水侵蚀山体，夹带大量泥沙、石块等固体物质，沿陡峭的山间沟谷下泻的暂时性急水流。它往往突然暴发，来势凶猛，具有强大的破坏力；它常常堵塞江河，使江河泛滥成灾，严重地影响着山区场地设施及居民生命安全。拟建工程场地或其附近有发生泥石流的条件并对工程安全有影响时，应进行专门的泥石流勘察。

（一）泥石流的形成条件

泥石流的形成与其所在地区的自然条件和人类经济活动密切相关，地质条件、地形条件和气象、水文条件是泥石流形成的三大条件。

1. 地质条件

地质条件是泥石流固体物质产生和来源的条件。凡是泥石流活跃的地区，地质构造均复杂，岩性软弱，具有丰富的固体碎屑物质。地质条件包括以下几种。

①地质构造。地质构造复杂，断层褶皱发育，新构造强烈，地震烈度高，地表岩层破碎，滑坡、崩塌等不良地质作用发育，为固体物质来源创造了条件。

②地层岩性。岩性软弱、结构松散、易于风化的岩层，或软硬相间成层易遭受破坏的

岩层，都是碎屑物质产生的良好母体。泥石流形成区最常见的岩层是泥岩、片岩、千枚岩、板岩、泥灰岩等软弱岩层。

③风化作用。风化作用也能为泥石流提供固体物质来源，尤其是在干旱、半干旱气候带的山区，植被稀少，岩石物理风化作用强烈，在山坡和沟谷中堆积起了大量的松散碎屑物质，这成为泥石流的又一物质来源。此外，人为造成的水土流失、采矿、采石、弃渣，往往也给泥石流提供了大量的固体物质。

2. 地形条件

地形条件是使水、固体物质混合而流动的场地条件。泥石流流域的地形通常是山高沟深，地势陡峻，沟床纵坡降大，为泥石流发生、发展提供了充足的可能，同时流域的形状也便于松散物质与水的汇集。典型泥石流流域可划分为上游形成区、中游流通区和下游堆积区三个区段。

①形成区。地形多为三面环山、一面出口的宽阔地段，周围山高坡陡，地形坡度多在30~60°，沟床纵坡降可达30°以上。这种地形有利于大量水流和固体物质迅速聚积，为泥石流提供了动力条件。

②流通区。地形多为狭窄陡深的峡谷，谷底纵坡降大，便于泥石流迅猛通过。

③堆积区。地形多为开阔的山前平原或河谷阶地，能使泥石流停止流动并堆积固体物质。

3. 气象、水文条件

水是泥石流的组成部分，又是泥石流的搬运介质。松散固体物质大量充水达到饱和或过饱和状态后，结构被破坏，摩阻力降低，滑动力增大，从而产生流动。泥石流的形成与短时间内突发性的大量流水密切相关，这种突发性的大量流水主要来源于强度较大的暴雨，冰川、积雪的短期强烈消融和冰川湖、高山湖、水库等的突然溃决。

在我国，泥石流的主要水源来自强降雨和持续降雨。

(二)泥石流的分类

泥石流的分类由于依据的划分标准不同而有多种，既可以依据单一指标特征划分，也可按泥石流的综合特征划分。

按泥石流规模可分为特大型、大型、中型、小型。

按泥石流流体性质可分为黏性和稀性两大类，泥流、泥石流、水石流三个亚类。

泥石流可以按照工程分类。泥石流工程分类是要解决泥石流沟谷作为各类建筑场地的适应性问题，它综合反映了泥石流的成因、物质组成、泥石流体特征、流域特征、危害程度等，属于综合性的分类，对泥石流的整治更有实际指导意义。

（三）泥石流防治措施

泥石流是一种较大规模的自然地质灾害，其形成和发展与其上游的土、水、地形条件及中游和下游的地形地貌条件关系密切，防治极为困难。因此，泥石流的防治应以“以防为主，防治结合，避强制弱，重点治理”为原则，宜对上游形成区、中游流通区和下游堆积区统一规划和采取生物措施与工程措施相结合的综合治理方案。

1. 形成区宜采取植树造林、种植草被，水土保持，修建引水、储水工程及削弱水动力等措施修建防护工程，稳定土体；流通区宜修建拦沙坝、谷坊，采取拦截固体物质，固定沟床和减缓纵坡的工程措施；堆积区宜修筑排导沟、急流槽、导流堤、停淤场，采取改变流路疏排泥石流的工程措施。

2. 对于稀性泥石流宜修建调洪水库、截水沟、引水渠和种植水源涵养林，采取调节径流削弱水动力制止泥石流形成的措施。对黏性泥石流宜修筑拱石坝、谷坊、支挡结构和种植树木，采取稳定土体，制止泥石流形成的措施。

对泥石流的防治（或治理）是以植树造林、种植草被的生物工程措施和修建一系列工程结构的工程措施相结合进行的。工程措施治理前期效益明显，而生物措施治理后期效益明显，要想有效地治理泥石流，必须使工程措施和生物措施相结合，彼此取长补短，以取得更好的治理效果。

第三节 地质灾害防治监测技术的信息化

一、地质灾害防治信息服务需求

信息服务是信息化建设的出发点和归宿，是对分散在不同载体上的信息进行收集、评价、选择、组织、存贮、传播、交流，实现信息增值的一项活动。地质灾害防治信息服务包括面向业务管理和面向决策支持两类。由于地质灾害的发生发展机理十分复杂，强调信息服务的实时、准确，以便充分满足地质灾害防治业务管理及对地质灾害进行鉴别、综合评估、应急响应和应急指挥等决策分析的需要。为此，需要按规范化要求建立地质灾害防治信息服务体系，对各类服务资源进行优化集成、管理及发布，利用当前先进的技术手段为各类用户提供服务。本节根据信息服务需求，论述了信息服务体系架构、基于 SOA 的地质灾害防治信息服务平台实现技术及信息服务体系建设方案。

“地质灾害防治系统”信息服务按服务对象可分为综合决策服务、业务管理与决策支持服务、公共信息服务、系统管理服务四类。

(一)综合决策服务

综合决策服务对象主要为政府主管部门、地质灾害防治管理部门及领导、技术人员和业务专家，服务内容主要有六项。

1. **办公管理服务**

在用户登录系统后的第一时间，显示其需要了解的地质灾害紧急报警信息、须处理的文件、须参加的会议等重要信息。与地质灾害防治“一张图”链接，对出现险情（灾情）的灾害点（体）进行快速定位，并提供相关信息的检索查询服务。

2. **地质灾害防治“一张图”信息服务**

在“一张图”上，用户可浏览地质地理环境，可按行政区或按地质单位选择信息查询范围，进而选择相关信息服务，可对显示图像进行放大、缩小、漫游、空间计算、两期影像对比等操作，并可对指定灾害点查询灾害调查的基本信息、地质灾害防治信息、监测预警信息、“两卡一表”信息，以醒目的颜色显示指定时段发生险情（灾情）的灾害点，显示险情（灾情）信息及处置信息等。

3. **决策分析成果信息查询服务**

对指定区域决策分析对象的分析成果进行检索查询。

4. **信息化产品信息查询输出服务**

对统计分析、专题图件、决策分析等信息化产品信息进行检索查询，输出查询结果。

5. **地质灾害气象预警信息查询服务**

显示指定区域、指定日期和时间的预测及实测降雨分布图（降雨量等值线图），检索查询不同预警级别（红、橙、黄、蓝）地质灾害点，对地质灾害气象预警信息进行统计分析。

6. **地质灾害预警支持及应急指挥服务**

①快速搭建应急通信平台。

②显示险情（灾情）点地质地理背景信息、灾害体特征信息、监测信息、险情（灾情）信息及稳定性评价、预测预报、灾害预评估结果、气象预警、应急预案、应急处置方案等各类信息。

③提供GPS定位服务，支持远程会商及远程指挥。

④地质灾害监测预警组织机构及人员信息查询。

⑤地质灾害应急救灾资源分布情况查询。

(二)业务管理与决策支持服务

这部分用户主要为地质灾害防治业务技术人员和专家，提供的服务内容除前述的综合决策服务外，还须提供相关的信息、应用软件及应用工具服务，以支持地质灾害防治业务管理及决策分析。

1. 业务管理服务

①地质灾害防治信息目录检索。

②地质灾害防治数据检索查询与统计分析：对地质灾害特征、监测预警、治理工程、搬迁避让、移民区地质安全评价、地质灾害防治工程实施等信息进行检索查询及统计分析。

③空间分析：对地质灾害空间数据进行空间分析及空间计算。

④灾害体三维可视化分析：对已建立三维数字模型的地质灾害体进行三维浏览、信息查询及矢量剪切分析。

⑤动态监测：在大屏幕上或计算机终端展示指定区域动态监测点及仪器运行状况，对监测数据进行查询，绘制监测曲线。

⑥遥感监测：辅助进行遥感解译，对遥感信息进行检索查询。

⑦办公管理：提供办公管理、档案管理、资料管理、项目管理、设备管理等业务管理服务。

⑧专题图形编绘：通过图层的选择、叠加，提供相关编图工具（组件），辅助编绘灾害地质图、立体图、地面沉降等值线图等相关的专题图形。

2. 决策支持服务

①决策分析数据查询：查询决策分析工作流、评价指标、模型、方法、知识及用户接口信息。

②危险性区划与风险性评估：对区域地质灾害易发性、危险性进行分析，辅助编制地质灾害危险性分区图、地面沉降图、风险性评估图。

③地质灾害稳定性评价：对滑坡、崩塌等地质灾害进行稳定性评价。

④地质灾害预测预报：对指定的地质灾害时空变化趋势及可能产生涌浪进行预测

预报。

⑤地质灾害气象预警：根据气象信息及地质灾害气象预警阈值进行地质灾害气象预警。

⑥防治工程效果评估：开展监测预警工程经济效益评估、治理工程效果分析及评估、监测预报分析及评估，对评估结果进行检索查询。

⑦数据挖掘：利用数据仓库数据对预测预报判据及评估指标等进行挖掘。

(三)公共信息服务

主要为社会公众提供法律法规、科普知识、热点新闻、重要通知、地质景观等信息服务，并提供用户建议、咨询服务等栏目的信息服务。

(四)系统管理服务

系统管理服务用户主要为信息中心负责系统管理、数据管理、网络管理及安全管理等各类管理的技术人员。服务内容主要是对数据体系、标准体系、信息服务、安全防护、基础设施及人员组织的管理服务。

1. 数据体系管理服务

①数据采集管理：包括从网络终端及利用单机版系统采集数据及上载进行管理。

②基础数据库管理：对数据入库进行检查、处理，对数据维护、检索查询进行管理。

③操作数据库管理：利用 ET 工具，提供数据转换、处理、入库、编辑、备份、查询等功能，并对管理信息数据、决策分析数据、信息化产品、综合文档数据进行管理。

④数据仓库管理：主要有数据仓库元数据获取、存储、查询、维护，以及多维模型建立、数据提取、处理、上载、维护及管理。

⑤数据更新及数据交换管理：对数据更新、数据汇交及数据交换进行管理，提供检索查询服务。

⑥数据质量管理：对数据质量进行管理，提供数据质量元数据、数据质量检查结果、数据质量问题处理情况、数据质量评估结果检索查询服务。

2. 标准体系管理服务

提供信息化标准目录及标准详细信息，元数据及数据字典信息的维护管理及检索查询服务。

3. 信息服务管理

①服务平台管理：检索服务池中已经注册发布的服务，对服务注册、服务控制、服务

调度、ESB 服务总线等进行管理。

②云服务管理：对云服务发现、注册进行管理，对 SOA 服务资源库服务注册到云服务中心进行管理。

③用户数据存储（云存储）管理。

④短消息及社会分享平台、信息服务日志、用户反馈意见管理。

⑤信息发布管理。

4. 安全防护管理服务

①系统访问管理：对用户、角色及权限、日志及异常进行查询、管理，对用户注册、授权进行管理。

②网络安全管理：提供网络访问及网络监控信息的检索查询与统计分析。

③防病毒管理：对病毒库进行更新，对防病毒（补丁发放等）进行管理。

④数据保密处理管理。

⑤数据备份与恢复管理。

⑥安全风险管理：对系统安全风险评估、安全审计分析、安全测评、安全事故应急响应、系统运行评估等进行管理，对相关信息进行检索查询及统计分析。

5. 基础设施及网络环境管理服务

①硬件及软件环境管理：对机房设施、硬件设备、软件配置和升级等进行检索查询及维护。

②通信网络管理：对局域网、广域网、Internet 网（及移动互联网）、无线网运行状况进行监控管理。

③应急通信平台管理：对应急通信平台设备、运行信息、视音频信息等进行检索查询及维护。

④动态监测网络管理：对动态监测设备、数据采集、传输、接收等运行信息进行显示、查询及管理。

⑤网络应用管理：对短消息、电子邮件发送、接收信息日志进行检索查询。

⑥设备运行监控管理：在屏幕上显示信息中心各主要设备运行状况，提供设备配置查询服务。

6. 人员组织管理服务

包括人员组织管理、规章制度管理、系统建设与运行会议及大事记管理等信息服务。

上述综合决策服务、业务信息服务及公共信息服务，除可在互联网终端获取服务外，还须提供移动信息服务，用户可利用笔记本电脑、平板电脑和智能手机中的 Web 浏览器或专用软件客户端获取权限范围内的服务。

二、系统开发主要应用技术

系统使用的开发应用技术主要有网络系统实现技术、数据组织与管理技术、三维地质建模技术等。

（一）网络系统实现技术

1. 三层体系结构的建立

网络版“地质灾害防治系统”采用客户（请求信息）、程序（处理请求）和数据（被操作）物理隔离的三层（多层）结构，把显示逻辑从业务逻辑中分离，业务逻辑层处于中间层，业务代码独立，可以不关心怎样显示、在哪里显示或由哪种类型的客户来显示。其与后端系统也保持相对独立性，有利于系统扩展。三层结构具有更好的移植性，可以跨不同类型的平台工作，允许用户请求在多个服务器间进行负载平衡。三层结构中安全性也更易于实现，因为数据库已经同客户隔离。

三层结构的特点是在传统两层结构的基础上加入一个或多个中间件层。它将 Client/Server 体系结构中原本运行于客户端的应用程序移到了中间件层，客户端只负责显示与用户交互的界面及少量的数据处理（如数据合法性检验等）工作。客户端将收集的信息（请求）提交中间件服务器，中间件服务器进行相应的业务处理（包括对数据库的操作），将处理结果反馈给客户端。

2. 瘦客户机模式开发技术

系统许多需求要求通过网络显示基础地理及专题空间信息，要在浏览器中实现这个应用有两种技术途径：一种是胖客户机模式，将矢量数据读到客户端，在本地实现图形的处理和显示；另一种是瘦客户机模式，图形处理在服务器上实现，将结果生成图片，传给客户端，并在客户端提供操作界面，将操作传回服务器，在服务器上实现对图形的处理。

“地质灾害防治系统”主要采用瘦客户机模式。

（1）瘦客户机的体系结构

系统包括服务器端和客户端两部分。服务器端负责图形数据的处理和对用户请求的处理，客户端负责显示和与用户进行交互操作。

（2）服务器端模块设计

服务器端包括四个相对独立的模块。

①状态传递网络接口模块：负责将控制信息和状态信息在处理模块和客户端模块间传递。该部分设计成一个 Web-Server 接口，从客户端传来当前图形显示的状态及用户的操作请求，模块将图形状态传给图形操作组件，以便图形组件重现客户端显示的影像，并获得当前用户操作请求，进行相关的图形操作。

②动态网页生成模块：功能是动态地将图形组件产生的图形数据及查询数据库返回的属性数据，经处理后，组合成用户需要的网页，供用户使用。

③图形处理组件：功能是依据客户端传回的状态信息，恢复客户端图形显示的效果，并根据客户端传来的操作请求，直接操作位图对象，以产生信息的图形显示效果。最后，将图片及有关数据返回给“动态网页形成”模块。

④数据访问组件：主要使用数据库管理系统（如 Oracle）客户端服务程序和相关的服务组件，所有的查询服务通过其完成，产生的结果传递给动态网页生成组件，供用户使用。

（3）客户端模块设计

客户端在看见显示的图形后，在操作面板上操作图片，进行放大、缩小、移动等操作。这些操作请求及图形的状态通过接口传到服务器端，经服务器端模块处理，实现客户端与服务器端信息交互传递及图形显示。该部分使用 Java 脚本语言，显示服务器端传回的图片，记录用户的操作请求，并将操作请求和状态信息传递给服务器。

（4）Web-Server 接口要求

Web-Server（网页服务器）的主要功能是提供网上信息浏览服务。Web 服务器可以解析 HTTP 协议，当 Web 服务器接收一个 HTTP 请求，会返回一个 HTTP 响应。

（二）数据组织与管理技术

1. 空间数据的存储与管理

原有的基础地理空间数据及专题空间数据多以 ArcGIS 或 MapGIS 的文件方式，通过 ArcGIS 管理，ArcIMS 进行发布。这种空间数据的存储与管理方式，当数据量增大时在数据存储、管理、调度等方面都出现了许多瓶颈。通过关系数据库系统管理空间数据，可较好地解决文件管理方式所产生的瓶颈。

ArcGIS 中的 ArcSDE 空间数据库引擎，采用 GeoDatabase（地理数据库）数据模型，即面向对象的空间数据模型，将空间数据（包括矢量数据、DEM 数据、栅格数据、影像数据）统一在大型数据库（如 Oracle）中管理，并以此实现空间数据和属性数据的统一管理。和基于文件的空间数据管理方式相比，空间数据和属性数据统一存储到关系型数据库中，更方便于属性数据在空间地图显示上的实时动态更新。同时，提供了空间数据多用户并发访问和共享机制，可充分满足地质灾害防治信息与决策支持的应用需求。另外，通过关系数据库系统管理空间数据，大大拓展了空间数据的存储容量，可以较好地解决海量空间数据调度及管理。

空间数据存放在数据库中时，利用分区的空间索引优势，以获得更快、本地化的搜索，以及可管理特性（如分区级备份和交换）。利用分区级的交换，位于分区表外的一个完整的表可以作为一个分区交换到分区表中。存在于数据库外表中的所有索引（包括空间索引）立即在分区表中变为可用。这是将新数据添加到数据库中的一种非常快速的方式，同时使索引维护工作实现最小化。

2. 空间数据显示管理

对于空间数据，当显示内容缩小得非常小时，打开非常详细的图层效果不是很好，例如，对整个区域的地理图形数据当用缩小方式来展示时，详细的等高线及高程信息将可能密作一团，在这种情况下一种较好的显示方式是控制等高线层使之关闭而不显示，只有放大到一定级别才显示该曲线，进一步放大，才提供详细的曲线显示。对于行政疆界等其他区域图形，也采取类似的方式，当窗口缩小到很小时，只以一个点或者一个图标表示，逐步放大时才显示越来越详尽的信息。须显示什么信息或须打开哪个图层，取决于所须显示的范围的大小及缩放的比例。通过对空间数据显示使用的缩放控制，可以避免从服务器中读取不必要的详细的几何结构，提高显示效果及显示速度。

3. 属性数据的存储与管理

对于地质灾害调查、地质灾害勘查、监测预警、治理工程、搬迁避让、移民区地质安全评价、办公管理等各类属性数据，系统中均以 Table 方式统一存放在关系数据库中进行管理，管理对象的具体特征用字段来表达，通过在表上建立主键来定义数据的唯一性，通过建立表上的索引来提高该表数据的查询速度。

4. 多媒体数据的存储与管理

多媒体文件若放在数据库中，多以二进制的方式存放于数据库的大字段中，例如用 BLOB 的类型存放。考虑到系统中的多媒体数据文件多、数据量大，以大字段方式存储，在进行数据库备份或恢复时将耗费大量的时间，也大大影响数据的检索查询效率，因此，系统一般采用数据库的 BFILE 字段存储等技术管理多媒体文件，即将多媒体数据实体以数据文件方式存储在数据库服务器中，而文件名（含文件路径）存放在数据库对应数据表的数据字段中。这样，可以减小数据库的负荷，随查随取，只有当用户需要多媒体信息时才去调用对应的文件显示、查询或更新备份。

5. 气象数据的存储与管理

气象数据主要来自气象部门，主要有自动气象站资料、卫星资料、降水精细化预报、短时临近预报产品。当前，由气象部门推送的气象数据均采用文件方式存储，并使用路径进行管理。由于其应用主要使用对应的专用软件，系统中除自动气象站资料经转换存入关系数据库中外，其余数据存储格式的保持不变。

(三) 三维地质建模技术

三维地质建模技术，就是在三维环境下，运用计算机技术、信息技术、图形可视化等技术对地质对象进行定量模拟及应用研究的一门技术。三维地质建模包括数据采集、转换及标准化处理，地质概念模型建立，三维建模及三维模型的应用。在地质灾害防治中主要用于地表地质灾害环境及地下地质灾害体的三维建模及应用。

1. 建模数据

地表三维建模的数据主要是基础地理数据（DOM、DEM、DLG 数据）及专题空间数据，灾害体三维建模数据主要有灾害体综合地形地质测量数据、钻孔及其他勘察工程数据、地质剖面数据。所有数据均来自操作数据库，均进行了必要的转换及标准化处理。空间数据均采用统一的数学基础及数据格式，实现了金字塔模式的管理，专业属性数据也已按统一的数据标准进行了处理。

2. 地质灾害三维建模

(1) 地表地质灾害建模

依据地表基础地理信息的特点，在 InfoEarth iTelluro 支持下，建立三维模型。

(2) 灾害体三维建模

由于不同灾害体形态变化较大，灾害体形态模拟的关键是各地质要素及其关系的研究，主要利用地表地质测量数据、地质剖面数据、钻孔数据进行研究。灾害体三维模型包括的地质要素有滑体、滑面或滑带、滑床、主要岩性的底层结构、地下水位面、风化面、断层等。采用面向对象的设计方法，使用边界表示法，建立三维数字地质灾害体的数据模型。

3. 地质灾害三维模型的应用

（1）地表地质灾害三维模型的应用

主要应用于地质灾害及其地质地理环境浏览、空间分析及空间量算、地质灾害点（体）属性信息查询、动态监测、地质灾害及人文经济数据统计分析。除此，利用地表三维模型，可编绘灾害地质立体图，可切割、编绘地质剖面图，支持地质灾害应急响应中滑坡稳定性评价。

（2）灾害体三维模型的应用

除对灾害体进行浏览、信息查询及剪切分析外，可借助所建灾害体三维模型，确定灾害体荷载，分析地质体结构及应力分布状况、地下水位及地下水渗透力分布及变化情况，进而对滑坡体的三维稳定性进行评价。

在三维空间分析基础上，依据地质灾害预测预报信息，可对地质灾害的变形进行动态模拟，即灾害体四维（灾害体形态+时间维）空间分析，并利用可视化技术、虚拟现实技术、电子沙盘模型及声光电等科技手段，直观地展示地质灾害变形、破坏及其影响的场景。

(四) 应用系统开发技术

系统开发应用当前流行的 DBMS、ArcGIS、J2EE、XML、元数据、数据字典、基于元数据的业务订制、版本控制等技术。

1. DBMS 技术

数据库管理系统（Database Management System，DBMS）是一种操作和管理数据库的大型软件，用于建立、使用和维护数据库。DBMS 对数据库进行统一的管理和控制，以保证数据库的安全性和完整性。大部分 DBMS 提供数据定义语言 DDL（Data Definition Language）和数据操作语言 DML（Data Manipulation Language），供用户定义数据库的模式结构与权限约束，实现对数据的追加、删除等操作。当前流行的数据库管理系统有 Microsoft Accessx Oracle、Microsoft SQL ServerN Informixx Sybase、达梦数据库等。其中，Oracle Database 是数据库领域一直处于领先地位的产品，系统可移植性好、使用方便、功能强，适用于各类大、中、小、微机环境，是一种高效率、可靠性好、适应高吞吐量的数据库管理系统。

2. ArcGIS 技术

ArcGIS 是当前应用最为广泛的 GIS 平台。ArcObjects 包含了大量的可编程组件。Arc-

GIS 10 版本是全球首款支持云架构的 GIS 平台，具备了真正的 3D 建模、编辑和分析能力，实现了遥感与 GIS 一体化。

3. J2EE 技术

J2EE 是一种 Java 环境下的多层分布式 Web 应用体系架构，由一套服务、应用程序接口和协议构成，对开发基于 Web 的多层应用提供功能支持，J2EE 技术的基础是 Java 平台。J2EE 使用多层的分布式应用模型，应用逻辑按功能划分为组件，各个应用组件根据它们所在的层分布在不同的机器上，分别为运行在客户端机器上的客户层，运行在 J2EE 服务器上的 Web 层及业务逻辑层，运行在数据库服务器上的 EIS 层。

J2EE 基于 Java 技术，具有平台无关性，因为业务逻辑被封装成可复用的组件，并且 J2EE 服务器以容器的形式为所有的组件类型提供后台服务，使开发者能够集中精力解决业务问题。目前，支持 J2EE 体系架构的商业应用服务器很多，如 Weblogic 和 Websphere 等。此外，基于 J2EE 体系架构有很多开放源码资源，其中比较有代表意义的是 Lutris 的 En hydra 和 JBoss Group 的 J Boss 应用服务器，它们可以和 Apache Tomcat 等 J2EE Web 容器一起构成 J2EE 平台。基于 J2EE 的应用程序不依赖任何特定操作系统、中间件、硬件，可以较好地运行在不同的异构环境和各种操作系统中，允许多台服务器集成部署，提供软件和数据服务。

4. XML 技术

XML（Extensible Markup Language，可扩展标记语言）是 1986 年国际标准化组织（ISO）公布的一个名为标准通用标记语言（Standard Generalized Markup Language，SGML）的子集。XML 具有扩展性强、自定义文件描述及文件结构化功能，摒除了 SGML 过于庞大复杂及不易普及的缺点。XML 和 SGML 一样，是一种“元语言（Meta-language）”，一种用来定义其他语言的语法系统。

XML 是与平台无关的数据描述语言，格式是 W3C 的标准，各种平台通用，可移植性好。XML 提供了一种树形层次结构，可以方便地定位某一功能块。从写的角度看，几乎所有的应用程序都能处理 XML 文件，并且通过 DOM（Document Object Model）提供的方法，可以快捷地对 XML 文件进行操作；从读的角度看，XML 文件提供了一种简洁的自解释的标记方法，几乎不需要说明文档，就能理解 XML 格式的配置文件的意义。只要遵循一定的规则，XML 的可扩展性几乎是无限的。

XML 能很好地支持系统 SOA 架构环境中开发语言异构、访问协议异构及网络环境复杂的情况，为用户服务请求参数及服务结果数据的反馈提供较好的信息包装格式。

5. 元数据技术与数据字典技术

元数据技术不仅是描述基础信息内容对象的工具，而且是一种基本信息组织方法，为系统各个层次的内容提供规范的定义、描述、交换和解析机制，是分布的、多种和多层内容构成的系统提供相互操作和整合的纽带，为系统集成提供工具。基于元数据的业务订制是元数据技术的一个重要应用，系统元数据以数据字典存储、管理元数据，因此，元数据在业务订制方面的应用实质是数据字典技术的应用。

基于元数据技术（数据字典技术）的数据采集、存储、管理、应用软件的开发，可较好地实现在业务中不停止运行的系统，不用修改代码，功能即可随需求的变化而变化。

6. 版本控制技术

系统开发的软件需要不断更新、升级。同时，系统各类数据在不断变化，产生了很多“数据版本”。版本控制（Revision control）通过文档控制，记录程序各个模块的改动，使开发过程中，由不同人所编辑的同一档案都得到更新。当前比较流行的开源的版本控制软件主要有 Subversion 和 TortoiseSVN，可以对 PDF 文档、照片、doc 文件、xls 文件、结构分析模型文件及 MathCAD 等格式的文件进行版本控制。该软件在日志表中详细记录了被选中的文件从开始到最终定稿的过程中，由谁、在什么时间、对这个文件做了什么改动，除了“信息”（主要为改动的内容）是由提交者填写的以外，其他各项内容（版本、作者、日期等）则由软件自动记录。日志表直观地展现了一个文件经由众人协作完成的历史。同时，可以还原该文件的任何一个历史版本。如果该文件是纯文本格式的，还可以快速比较任意两个版本间的差别。

第七章　污染修复技术

第一节　土壤污染修复技术

一、重金属污染土壤修复技术

由于外来物进入土壤，当土壤中含有害物质过多，超过土壤的自净能力时，就会引起土壤的组成、结构和功能发生变化，微生物活动受到抑制，有害物质或其分解产物在土壤中逐渐积累，通过“土壤→植物→人体”或“土壤→水→人体”间接被人体吸收，达到危害人体健康的程度，就是土壤污染。

土壤污染物按性质分为无机污染物和有机污染物两大类。无机污染物主要包括酸、碱、重金属，盐类，放射性元素铯、锶的化合物，含砷、硒、氟的化合物等。有机污染物主要包括有机农药、酚类、氢化物、石油、合成洗涤剂、3,4-苯并芘，以及由城市污水、污泥及厩肥带来的有害微生物等。

土壤污染物按物源分为四类。①化学污染物。包括无机污染物和有机污染物。前者如汞、镉、铅、砷等重金属，过量的氮、磷植物营养元素，以及氧化物和硫化物等；后者如各种化学农药、石油及其裂解产物，以及其他各类有机合成产物等。②物理污染物。指来自工厂、矿山的固体废弃物如尾矿、废石、粉煤灰和工业垃圾等。③生物污染物。指带有各种病菌的城市生活垃圾和由卫生设施（包括医院）排出的废水、废弃物及厩肥等。④放射性污染物。主要存在于核原料开采和大气层核爆炸地区，以锶和铯等在土壤中生存期长的放射性元素为主。

土壤污染物按渠道分为四类：工业污染、交通运输污染、农业污染和生活污染。

(一)重金属污染土壤修复技术的分类

1. 按学科分类

常用的土壤重金属污染修复技术按照学科分为物理修复技术、化学修复技术、生物修复技术和农业工程修复技术。其治理途径主要体现在以下几方面：①降低土壤中重金属的浓度，如稀释法；②降低重金属在土壤中的迁移性，如重金属固化/稳定化技术；③清除土壤中的重金属，如植物修复。下面主要介绍物理、化学、生物修复技术。

（1）物理修复技术

早期的治理土壤重金属污染的方法主要是物理法，比如翻土法、换土法。随着科学技术的进步，又产生了电修复法、热处理法。

（2）化学修复技术

化学修复是通过对土壤中的重金属进行吸附、溶解、沉淀、氧化-还原、络合、螯合等降低土壤中重金属迁移性或生物有效性的方法。常用的重金属污染土壤化学修复技术主要包括固化法、稳定化法、淋洗法、改良法。

（3）生物修复技术

生物修复重金属污染土壤是指利用植物、动物及微生物的吸收、代谢作用，降低土壤中重金属含量或通过生物作用改变其在土壤中的化学形态而降低重金属的迁移性或毒性。生物修复技术主要包括植物修复技术、动物修复技术和微生物修复技术。

生物修复技术又分为以下五点。①植物吸收，即利用植物净化土壤中的污染物。植物通过根系吸收污染物。可用于重金属污染，也可用于有机质污染。②植物稳定，即利用植物降低环境中污染物的生物有效性，对土壤中的污染物起稳定作用，从而降低污染物的环境风险。③植物根滤，即利用植物根系吸收或吸附水体中的污染物，用于净化重金属污染。④植物挥发，即利用植物蒸发污染物，植物从土壤中吸收可挥发性的污染物（如 Se 和 Hg），并从叶片上将其挥发。⑤植物降解，即植物通过体内的代谢，对吸收的有机污染物进行降解。

2. 按场地分类

修复技术按场地分为两种，即就地原位修复（in-situ）和离地修复（ex-situ）。离地修复又分为场外修复（on-site）和异地修复（off-site）。离地修复技术即将污染的土壤挖出来，如在当地修复即为场外修复，如果移至其他地方进行修复，则为异地修复。

（二）矿山土壤重金属污染土壤修复技术

土壤是人类赖以生存的最基本的物质基础之一，又是各种污染物的归宿，世界上 90%的污染物最终滞留在土壤内。由于重金属污染物在土壤中移动性差，滞留时间长，不能被微生物降解，并可经水、植物等介质最终影响人类健康，所以采取措施对重金属污染土壤进行修复是必要的。现阶段矿山土壤重金属污染修复主要有物理法、化学法和生物法三大类。

1. 物理法

物理法具有设备简单、费用低廉、可持续高产出等优点，但是在具体分离过程中，其技术的可行性要考虑各种因素的影响。物理分离技术要求污染物具有较高的浓度并且存在于具有不同物理特征的相关介质中，筛分干污染物时会产生粉尘，固体基质中的细粒径部分和废液中的污染物需要进行再处理。

（1）客土和换土法

客土和换土法分为深耕翻土法、换土法和客土法。土壤受轻度污染时采用深耕翻土法，而治理重污染区时则采用异地客土法，即客土法或者换土法。客土法、换土法对修复土壤的重金属污染有很好效果，优点在于方法成熟和修复全面，缺点是工程量较大、投资高，易造成土壤肥力下降。客土和换土法适合污染程度较轻、土层较深厚的土壤，或重金属污染严重且污染区域较小、污染物易扩散的土壤。

（2）分离修复法

土壤分离修复法是指将粒径分离（筛分）、水力学分离、重力分离、脱水分离、泡沫浮选分离和磁分离等技术应用在污染土壤中无机污染物的修复法，最适合用来处理小范围内受重金属污染的土壤，从土壤、沉积物、废渣中分离重金属，清洁土壤，恢复土壤正常功能。

（3）隔离法

土壤隔离法是指采用防渗的隔离材料对土壤重金属污染区域进行分割、隔离。这种隔离既包括横向上的隔离也包括垂向上的隔离。隔离法主要应用于重金属污染严重且难以治理的污染土壤。这种土壤中的重金属会随地下水的流动而移动，随之而来的就是地下水重金属污染和地表水重金属污染。由于难以治理或者治理时间较长，用隔离法将其隔离起来，防止其对外部继续污染。

（4）热处理修复法

热处理修复法涉及利用热传导（加热井和热墙）或辐射（如无线电波加热）实现对土壤的修复，包括高温（约1000℃）原位加热修复法、低温（约100℃）原位加热修复法和原位电磁波加热法等。热处理修复法主要针对的重金属为汞。

2. 化学法

（1）化学固化法

重金属在土壤中的存在形态决定了重金属的可移动性。土壤的理化性质如有机质含量、pH值等均可影响重金属的存在形态，可通过这些参数调节重金属在土壤中的可移动性。重金属化学固化法通过加入固化剂改变土壤的理化性质，对重金属进行吸附或沉淀以降低其可移动性。土壤中的重金属被固定后，不仅可减少对土壤深层和地下水的污染影响，并有可能在土壤中重建植被。固化剂主要有石灰、磷灰石、沸石、堆肥和钢渣等。不同固化剂固定重金属的机理不同，石灰通过重金属与碳酸钙的共沉淀反应机制和重金属自身的水解反应实现固化，沸石则通过离子交换吸附降低土壤中重金属的可移动性。

（2）土壤淋洗法

土壤淋洗法通过逆转重金属在土壤中的离子吸附和重金属沉淀这两种反应，把土壤中的重金属转移到土壤淋洗液中。土壤淋洗法的操作过程：将挖掘出的土壤进行去渣、分散后，与提取剂充分混合，把重金属转移到土壤提取剂中，然后用水淋洗除去残留的提取剂，处理后的土壤中重金属达到正常水平后，可再利用，淋洗液进行处理后可回收重金属和提取剂。土壤淋洗法的关键在于提取剂，并不破坏土壤原有结构。提取剂有硝酸、盐酸、磷酸、EDTA 和 DTPA 等，但需要注意防止提取剂对土壤造成二次污染。

（3）电化学动力修复法

电化学动力修复法是利用土壤和污染物的电动力学性质对环境进行修复的方法。电化学动力修复法既可以克服传统技术严重影响土壤的结构和地下所处生态环境的缺点，又可以克服现场生物修复过程非常缓慢、效率低的缺点，投资比较少，成本比较低廉。其基本原理是将电极插入受污染的地下水及土壤区域，通直流电后，在此区域形成电场。在电场的作用下土壤孔隙及水中的离子和颗粒物沿电力场方向定向移动，迁移至设定的处理区被集中处理；同时在电极表面发生电解反应，阳极电解产生氢气和氢氧根离子，阴极电解产生氢离子和氧气。实际操作系统可能包括阴极、阳极、电源、收集井（一般在阳极一侧）、注入井及循环液罐等。

电化学动力修复法可以有效地去除地下水和土壤中的重金属离子。在施加直流电场后，带正电荷的重金属离子开始向阳极迁移，其迁移速度比同方向流动的电渗析流快得多。金属离子尺寸越小，迁移速度越快。已经有大量试验证明这项技术的高效性。

3. **生物法**

（1）植物稳定法

植物稳定法主要有两方面的作用。①减少污染土壤的水土流失。由于重金属的毒害污染土壤基本没有植被，无植被的土壤水土流失加剧，减少污染土壤的水土流失办法是在污染土壤上种植耐重金属植物。②固定土壤中的重金属。植物可以通过在根部沉淀和根表吸收对重金属进行固定，植物还能改变根系周围环境中的 pH 值等从而改变重金属的形态。植物稳定法主要适用于土壤黏性大、有机质高的重金属污染土壤，如用于矿区重金属污染土壤修复。植物稳定法并没有去除土壤的重金属，只是暂时将重金属进行固定，没有彻底解决土壤中的重金属污染问题，当环境条件发生变化时，重金属可能重新对土壤造成污染。进行植物稳定的植物必须能够耐受土壤中高浓度的重金属，并能够将重金属固定在土壤中。植物稳定法的研究方向是如何促进植物根系生长，将重金属固化在根—土中，并将转运到地上部分的重金属控制在最小范围。

（2）植物挥发法

植物挥发法是针对重金属元素汞和硒，植物通过吸收、积累和挥发三个渐进的过程，将土壤中的可挥发性污染物吸收到体内后将其转化为气态物质，释放到大气中。如金属汞在环境中以多种状态存在，其中以甲基汞对环境危害最大，最易被植物吸收。现在已发现一些耐汞的细菌，能够催化转化甲基汞和离子态汞为毒性低、可挥发的单质汞。植物挥发的发展趋势就是运用分子生物学技术将该种细菌转导到植物中，再利用经过转导的植物修复汞污染土壤，将土壤中的各种形态的重金属汞直接挥发到大气中去，其优点为不需要处理含重金属汞的植物体，而是将其作为一种长久的“处理设施”运行维护下去。植物挥发法将重金属汞转移到大气中，对人类和生物存在一定的潜在风险。

（3）植物提取法

植物提取法是利用重金属超富集植物从土壤中提取一种或几种重金属，并将其转移、储存到植物的地上部分，然后收割植物地上部分并进行集中处理。连续进行植物提取，即可使土壤中重金属含量大幅度降低。目前植物提取法分为两种，即连续植物提取法和螯合剂辅助的植物提取法。①连续植物提取法。连续植物提取法的效果主要依赖于重金属超富集植物在整个生命周期能够吸收、积累的重金属量。由于重金属超富集植物大部分生长缓慢，生物量较少，多为莲座生长，很难实现规模化种植，超富集植物不适宜大面积污染土壤的修复。因此，连续植物提取法需要：超富集植物物种，能够实现快速生长、高富集，并且适合大规模种植；或者通过人工培育生物量多、生长快、周期短的超富集植物；研究超富集植物富集重金属的机理，通过土壤改良剂改善根际微环境，调整收获时间等，提高植物的富集效应。②螯合剂辅助的植物提取法。一些生物量多的植物如玉米、豌豆等在溶液培养时，其植物地上部分可大量积累铅，但生长在受到污染的土壤上时，其植物地上部分铅含量很少超过 1000mg/kg。螯合剂增加土壤溶液中的重金属含量，促进重金属在植物体内运输。螯合剂和金属的亲和力是植物金属积累效率提升最相关的因素。螯合剂的缺点：由于螯合剂复合物为水溶性，易发生淋滤作用，可能使带有重金属的溶液进行二次迁移，带来新的环境污染问题。此外，螯合剂的使用会导致植物生物量减少，甚至死亡。同时，须避免螯合剂的使用对环境产生二次污染。

(4) 微生物修复法

微生物修复法是指利用天然存在的或培养的微生物，在适宜环境条件下，促进或强化微生物代谢功能，从而达到降低有毒污染物活性或降解成无毒物质的生物修复技术。微生物修复法的实质是生物降解，即微生物对环境污染物的分解作用。由于微生物个体小，繁殖快，适应性强，易变异，所以可随环境变化产生新的自发突变株，也可能通过形成诱导酶产生新的酶系，具有新的代谢功能以适应新的环境，降解和转化那些“陌生”的化合物。微生物根据来源不同分为本土微生物、外来微生物和基因工程菌。目前在生物修复中应用的主要是本土微生物。微生物修复法还需要考虑两个因素：一是土壤中必须存在丰富的微生物，这些微生物能够在一定程度上转化、固定土壤中的重金属；二是污染土壤中的重金属存在被微生物转化或固定的可能性。

二、有机物污染土壤修复技术概述

土壤的有机物污染直接破坏土壤的正常功能，通过植物吸收及食物链积累危害人体健康，影响人体新陈代谢、遗传特性等。土壤有机物污染和大气污染、水污染、化肥农药污染等有密切联系，如果不及时治理或者治理方法不科学，可导致生态系统退化，引发一系列次生态问题。因此，开展有机物污染土壤治理方法的研究就显得尤为重要。

(一) 有机物污染土壤修复技术类型

有机物污染土壤修复技术按修复土壤的位置分为原位修复和异位修复技术；按操作原理又分为物理修复、化学修复和生物修复技术。

1. 原位修复技术

基于对未挖掘的土壤进行治理的原位修复技术，对土壤没有太大扰动，修复在原位进行。原位修复技术的优点是较经济有效，就地对污染物降解和减毒，无须建设昂贵的地面基础设施和远程运输，操作维护较简单，还可修复深层次污染土壤。其缺点是处理过程中对产生的“三废”的控制比较困难。

2. 异位修复技术

异位修复技术指对挖掘后的土壤进行修复的过程。异位修复分为原地和异地处理两种。其优点是处理过程的条件控制较好，与污染物接触较好，处理过程中容易控制“三废”排放；缺点是处理前须挖土和运输，影响处理后土壤的再利用，产生的费用较高。

3. 物理修复技术

物理修复技术原理主要有土壤蒸汽提取技术、玻璃化技术、热处理技术、稀释和覆土技术。该技术简单明了，处理方便，对土壤本身质地破坏度小，且可远程处理人工难以到达的污染区域。其缺点是效率低，不确定性大，实际操作中材料费用高，修复效果受土壤质地影响较大。

4. 化学修复技术

化学修复技术主要有淋洗技术、原位化学氧化技术、化学脱卤技术、溶剂提取技术及农业改良措施，运用农业技术措施直接向污染土壤施用，从而改变土壤污染物的形态，改善土壤有机质结构。

5. 生物修复技术

生物修复技术类型主要有动物修复、植物修复、微生物修复技术和联合修复技术。生物修复技术的机理是利用微生物的代谢过程将土壤中的污染物转化为二氧化碳、水、脂肪酸和生物体等无毒物质的修复过程。其中，联合修复技术是将生物通风与堆肥相结合以提高处理效率。植物与微生物修复相结合可以取得比单一方法更高的修复效率。

(二)有机物污染土壤修复技术

1. 物理法修复技术

(1) 蒸汽抽提法

针对有机物中的挥发性或者半挥发性有机物物质，采用蒸汽抽提方式进行土壤修复。蒸汽抽提法主要是通过加快土壤空隙中的气体与大气中气体的交换速率，从而使土壤中的挥发性或者半挥发性的物质实现从固体或液体到气体的转变，进而把污染物与土壤分离，达到修复土壤的目的。该方法仅仅是把污染物与土壤分离开，并没有彻底消除污染物，并且土壤中如果有低挥发性污染物，则不宜采用此方法。

(2) 热脱附技术

对渗透压低、异质性大的土壤，通常采用热脱附技术进行土壤的修复。热脱附技术主要通过给土壤加热，使有机物挥发，收集挥发的有机物并去除，达到修复污染土壤的目的。热脱附技术主要包括电阻热脱附技术、热传导热脱附技术及蒸汽热脱附技术。

2. 化学法修复技术

利用化学方法修复土壤中的有机物，速度快并且成本低，但是需要在土壤里添加化学药剂，可能改变土壤本身的理化特性甚至会使土壤遭受二次污染。化学法修复土壤中的有机物主要有化学氧化法、等离子体降解法及光催化降解法。

(1) 化学氧化法

化学氧化法即利用化学物质自身的氧化、还原等特性，与土壤中的污染物发生氧化-还原反应，去除土壤中的污染物。在修复被有机物污染的土壤的过程中，经常用到的氧化剂有芬顿试剂、臭氧及其他氧化剂。

(2) 等离子体降解法

等离子体是由大量的离子、电子、原子、分子及未电离的中性粒子组成的呈电中性的集合体。在电离产生等离子体的过程中会产生大量的活性物质，如 H_2O、O_3、氧原子及其他离子，这样形成一个强氧化环境，分解电场中大量的有机污染物，起到土壤修复的作用。这种方法也有一定的局限性，如应用此方法降解有机污染物时，会受到污染物种类、污染物浓度、土壤中的含水量及等离子体能量密度的影响。等离子体降解法修复土壤污染高效、快速，且不易造成土壤的二次污染，在修复土壤中的有机物时，具有很广阔的前景。

(3) 光催化降解法

当半导体材料吸收的光能大于或等于半导体禁带宽度时，电子由半导体的价带跃迁到导带上产生高活性电子，从而在原来的价带上会形成一个空穴。产生的空穴因为有极强的捕获电子能力，会产生强氧化性，此时与水形成羟基自由基，可以直接将有机物降解。研究发现在紫外光照射下添加一定量纳米 TiO_2 粉末能有效地降解污染土壤中的 DDT。利用光催化降解污染物时，通常会受到光强、催化剂用量、催化剂种类、土壤的 pH 值及土壤中腐殖酸含量的影响。利用光催化的方法降解土壤中的有机物具有高效、快速的特点。但是光源只能覆盖到土壤的表面，土壤中的颗粒也会阻挡光源的照射，因此要用此类方法修复污染土壤只能消除土壤表层的污染物，深层次的污染物降解的效果会大大降低。另外，修复时用于光催化的催化剂不便回收，留在土壤中会有潜在的污染。

3. 生物法修复土壤中有机物

利用生物法来修复有机物污染的土壤时，主要受土壤污染程度、污染物种类及污染物毒性的影响，因此必须根据环境因地制宜地选择修复土壤的生物。主要有微生物修复、植物修复及动物修复。

(1) 微生物修复

微生物可以借助土壤中的有机物进行生长繁殖和代谢，同时把土壤中的有机污染物降解成 CO_2、水或者某些简单的小分子醇、酸，从而达到修复土壤的目的。常见可降解的有机污染物的微生物有细菌（假单胞菌、芽孢杆菌、黄杆菌、产碱菌、不动杆菌、红球菌和棒状杆菌等）、真菌（曲霉菌、青霉菌、根霉菌、木霉菌、白腐真菌和毛霉菌等）和放线菌（诺卡氏菌、链霉菌等），其中以假单胞菌最为活跃，对多种有机污染物如农药及芳烃化合物等都具有分解作用。

（2）植物修复

植物对土壤中的有机污染物具有强化作用。植物的根系是微生物生存的最佳环境，有助于降解菌的生长发展，另外植物分泌出来的有机物也能让微生物代谢加快，提升有机物污染土壤的修复速度。黑麦草、杨树、紫羊茅等混合种植，以及豌豆等豆科植物对土壤中有机污染物的去除效率较高。试验发现豆科植物的降解效率最高。但是，如果土壤污染超出了植物可修复的范围，那么植物修复法对已经污染土壤的修复效果就会大大下降。

（3）动物修复

一些动物如蚯蚓等，在土壤中蠕动，可以增加土壤的通气效率，给一些好氧的降解菌提供良好的生存环境，利于好氧微生物生长、代谢、繁殖，有利于修复受污染的土壤。另外，土壤中的有机污染物可以进入土壤中动物的肠道和消化系统，在其中分解代谢并被这些动物吸收从而降解土壤中的有机物。

三、地下水的污染及联合修复

（一）地下水污染问题

地下水污染是指人类活动产生的有害物质进入地下水，引起地下水化学成分、物理性质和（或）生物学特性发生改变而使其质量下降的现象。地下水污染改变地下水的基本资源和生态属性，影响地下水使用功能和价值，是值得关注的环境风险与环境安全问题。天然条件下所形成的劣质地下水不属于污染范畴。

随着社会经济的快速发展，工农业进程不断加快，工业生产任务日益繁重，工业生产活动中产生的污染物的数量也在不断增加。这些污染物日积月累排放到自然环境中，它们经过正常的运动及土壤渗透进入地下水，对土壤和地下水都造成了不同程度的污染。地下水和土壤安全与人类的生存和生活之间的关系非常密切，它们一旦遭受污染，就会对人类健康和生态环境安全造成极大的影响。

1. 地下水的污染源

引起地下水污染的污染物来源称为污染源。地下水污染源包括工业污染源、农业污染源和生活污染源等。如矿山、油气田开采和工业生产过程中产生的各种废水、废气和废渣的排放和堆积，农业生产施用的肥料和农药、污水（或再生水）灌溉，市政污水管网渗漏、垃圾填埋的渗漏等。

我国部分地区土壤及地下水遭受有机污染现象十分严重，对该区域的居民日常饮食、居住、生活等构成了明显的安全威胁。导致土壤及地下水中的有机污染物产生的来源主要有两种。一种是在自然状态下自然生产的有机污染物。一般来讲，自然界中存在的地层长期和地下水相接触，自然而然就会产生各种各样的有机污染物。这些污染物中最主要成分为腐殖酸，它们存在的时间越长，对土壤造成的污染就越严重。另一种则是来自人类活动过程中所带来的有机污染物。这类污染物不仅分布广，而且形成原因十分复杂。近些年来，各地环保部门都在致力于修复遭受有机污染的土壤及地下水生态系统。因此，物理、化学和生物等多种污染修复技术应运而生，其中，化学修复和生物修复技术因其产生的二次污染较少、成本低廉且清洁效率较高等优势，在清洁土壤和地下水中有机污染物方面受到广泛欢迎。

随着土壤和地表水环境污染的加剧，量大面广的污染土壤（层）和受污染的江河湖泊已成为地下水的持续污染源，使地下水污染与土壤和地表水污染产生了密不可分的联系。

2. **地下水污染物**

污染源和它所接触的化合物反应对地下水的质量产生重要影响。地下水的化学过程非常重要，因为地下水和含有很多物质的土壤岩石接触，碳和氮循环对土壤和水质量也有重要影响。地下水的污染物种繁多，按其种类可分为化学污染物、生物污染物和放射性污染物。化学污染物又分为有机污染物和无机污染物。地下水中的有机污染物是人类健康的主要威胁，这类污染物包括饱和烃类、酚类、芳烃类、卤代烃类等。土壤和地下水中的无机污染物中最受人们关注的是硝酸盐、铵和砷、镉、铬、铅、锌、汞、铜等重金属。地下水中生物污染物可分为三类：细菌、病毒和寄生虫。人和动物的粪便中有400多种细菌，鉴定出100多种病毒。未经消毒的污水中含有大量细菌和病毒，它们可能进入含水层污染地下水。

(二)地下水污染修复技术

1. **重金属污染地下水原位修复技术**

(1) 原位化学还原技术

重金属污染地下水的修复处理中，原位化学还原技术是一种比较有效的方法。该技术主要利用化学修复的化学特性来实现，采用一些具备非常强的还原性的化学修复药剂，经由还原、吸附、沉淀和隔离以后，地下水中的重金属污染物就会被还原，有效降低了地下水中重金属的污染程度。对铬、砷等类型的重金属处理，化学还原技术的应用效果非常突出，可以保持高效的去除效率，修复成本相对较低，对含水层基本上不会产生较大的影响。原位化学还原技术应用的一个关键环节是必须做好前期的水文地质调查、污染源追踪，再结合污染情况，选择恰当的还原药剂。

（2）原位化学氧化技术

采用原位化学氧化技术修复时，将一定量的化学氧化剂注入被重金属污染的地下水中，通过化学氧化剂与地下水中的重金属发生氧化反应，使这些重金属污染物转化为低毒性、低移动性的物质。原位化学氧化技术在实际的应用过程中，修复的周期相对较短，投入的修复成本低，在被重金属污染的地下水修复过程中，不仅可以单独利用，还可以与其他修复技术结合使用。我国原位化学氧化修复技术的研究和应用中，使用的氧化剂以高锰酸盐、过氧化氢、过硫酸盐和臭氧为主。原位化学氧化技术的应用效果比较突出，但该技术同样会存在一定的技术局限，要注意防止可能出现的二次污染。

（3）原位生物修复技术

原位生物修复技术同样是一种非常有效的修复技术，在被重金属污染的地下水修复中非常有效。该技术通过特定功能微生物群的代谢活动溶解络合或吸附重金属离子，降低重金属离子的迁移能力。这些微生物群可以是原生的，也可以是人工培养的。微生物代谢作用下，地下水中重金属元素的迁移能力将大大降低，甚至在一些时候可以有效改变其原有形态。该技术在很多地下水重金属修复中取得了良好的应用效果。工业污染场地中，地下水重金属治理中可使用的微生物类型非常多，修复的效果非常好。在利用微生物群进行重金属地下水的修复过程中，发挥原位生物修复技术的优势，采用有效的方式，为微生物创造相对良好的生长环境，可在地下水中注射糖浆、醋酸盐等方式，以增强场地内微生物的活性。

微生物对重金属污染的响应有所不同，研究表明高浓度的重金属能够对土壤或地下水中的微生物产生胁迫，降低其生物量。一方面，高浓度的重金属能够破坏细胞的结构和功能，加快细胞的死亡，抑制微生物的活性或竞争能力从而降低生物量；另一方面，在重金属胁迫下，微生物需要过度消耗能量以抵御环境胁迫而抑制了其生物量生长。同样，不同类型土壤中的微生物有所差异，同一重金属对微生物生物量也会产生不同的影响。因此，在分析和调查实地重金属污染土壤性状的基础上研究重金属对微生物生态功能的影响是十分必要的。

2. 地下水有机污染修复技术

(1) 有机黏土法

有机黏土法主要是通过向地下水中加入人工合成的有机黏土，通过黏土自身具备的吸附作用，进入地下水层，把有机污染物吸附到自身从而达到清洁地下水中有机污染物的目的。大致操作过程：在含水层中加入表面活性剂，使该区域形成一个有机黏土矿区域，使该区域逐渐具备一定的吸附能力以拦截可能进入地下水层中的有机污染物，防止它对地下水带来污染。然后，利用该活性剂的吸附作用，把有机污染物聚集在这个区域里面。最后进行降解富集，从而彻底清除这些污染物。

(2) 电动力化学修复技术

电动力化学修复技术的原理是把电极插入受污染水体中，使其自身能够产生电场。在电场的作用下，水体中的原有原子会跟着电场的运动方向进行运动，这会把污染物集中到一个区域，便于集中降解。电化学动力修复技术用来去除地下水和土壤中的有机污染物效果好，用来去除吸附性较强的有机物的效果也比较好。

电动力化学修复过程中，电极表面会发生电解反应，水体中会产生大量氧气，这种情况将大大提高其对有机污染物的降解速度。这种修复技术在即时修复这方面更加适用，不会受到土壤深度的干扰。该技术也可用于土壤水层及气层。这一技术的装置安装和操作过程较为简单，在许多国家和地区被广泛使用。

3. 地下水污染其他修复技术

(1) 原位强化生物修复

原位强化生物修复是将污染的地下水在原位和易残留部位之间进行处理。这个系统主要是将抽提地下水系统和回注系统（注入空气或 H_2O_2、营养物和已驯化的微生物）结合起来，强化有机污染物的生物降解。这个系统既可节约处理费用，又缩短了处理时间，无疑是一种行之有效的方法。生物修复效率受污染物性质、地下水中微生物生态结构、环境条件等影响。研究污染物的生物可降解性、微生物对污染物的降解作用机理、降解菌的选育与生物工程菌的应用，是提高修复效果的关键，值得深入研究。

(2) 生物反应器法

生物反应器法是原位强化生物修复方法的改进，就是将地下水抽提到地上部分用生物反应器加以处理的过程。这种处理方法包括四个步骤：①将污染地下水抽提至地面；②在地面生物反应器内对其进行好氧生物降解；③处理后的地下水通过渗灌系统回灌到土壤中；④在回灌过程中加入营养物和已驯化的微生物，并注入氧气，使生物降解过程在土壤及地下水层内亦得到加速进行。生物反应器法不但可以作为一种实际的处理技术，也可用于研究生物降解速率及修复模型。生物反应器的种类有连泵式生物反应器、连续循环升流床反应器、泥浆生物反应器等，在修复污染的地下水方面已初见成效。

生物修复技术现在已经得到了广泛应用，同时为了进一步提高生物修复效率，又发展了不少辅助技术，如利用计算机作为辅助工具设计最佳的修复环境，预测微生物的生长动态和污染物降解的动力学。遗传工程技术的引入，使微生物修复技术中获得降解能力更强的微生物，提高修复效能。

（3）原位空气注射法

原位空气注射法是一种新的技术，可用于修复被非水相液体特别是挥发性有机物污染的饱和土壤、地下水。它主要是将加压后的空气注射到污染地下水的下部，气流加速地下水和土壤中有机物的挥发和降解。这种方法主要是抽提、通气并用，并通过增加及延长停留时间促进生物降解，提高修复效率。以前的生物修复利用封闭式地下水循环系统，往往造成氧气供应不足，而空气注射提供了大量的氧气，从而促进了生物降解效率。研究表明，注射大量空气有利于将溶解于地下水中的污染物吸附于气相中，从而加速其挥发和降解。

由于空气注射法在去除有机物过程是一个多相传质过程，因而其影响因素很多，主要有以下几方面：①土壤的物理特性；②空气注射的压力和流量；③地下水的流动特性。弗吉尼亚综合技术学院的研究人员在现有基础上做了进一步改进，它可集中地将氧气和营养物送往生物有机体，从而有效地将厌氧环境转变为好氧环境。这种方法被称为微泡法，它实际上是含有 125mg/L 的表面活性剂的气泡，只有 55μm 大，看起来很像乳状油脂。

这项技术能够极大地减少修复时间和成本，但其使用受场所的限制，只适用于土壤气体抽提技术可行的场所，同时效果也受到岩相学和土层学的影响，在处理黏土层方面的效果不理想。

（4）固定化微生物技术

固定化微生物技术是通过物理或化学的方法，将环境中分散、游离的微生物固定在适当的载体中，使其保持一定的生物活性及提高生物细胞浓度，加快细胞繁殖，并将其反复利用的一种方法。固定化微生物具有以下优点：固定化载体为微生物提供一个良好的环境，抵抗外界的不利条件的影响，如毒害物、人为干扰、环境因素及与土著菌种竞争等，使微生物相比于游离状态下具有更高的稳定性和生存能力。高密集的细胞可以长期保持活性，可供反复利用，能有效地降解石油污染的同时减少成本消耗。固定化微生物技术已广泛应用于废水、污泥、污染地下水的治理，具有很好的发展前景。但固定化微生物技术也有一定的局限性，固定化微生物载体在环境中有着难以回收的问题，这将给环境带来一定的危害。另外，一些成分复杂的载体材料会对降解石油物质机理的分析带来影响。因此，研究探寻合适、固定化效果好、对环境友好的载体，分析载体、微生物与地下水污染物的相互作用将成为当下一个研究方向。

第二节　污染场地修复和阻隔技术

随着城市化进程的加速，许多原本位于城区的污染企业从城市中心迁出，同时，随着工业企业的搬迁或停产、倒闭，遗留了大量多种多样、复杂的污染场地，环境和生态问题十分突出，成为工业变革与城市扩张的伴随产物，产生了大量污染场地（又称为“棕色地块”）。这些污染场地的存在对城市的生态环境、食品安全和居民健康构成威胁，阻碍了城市建设和经济健康发展。要解决污染场地问题，最直接的方法是场地修复。

一、污染场地土固化/稳定化技术

（一）固化/稳定化

固化/稳定化（Solidification/Stabilization）技术指的是将污染土或废弃物与能胶凝成固体的材料（如水泥、沥青、化学制剂等）相混合，通过形成晶格结构或化学键，将有害组分捕集或者固定在固体结构中，从而降低有害组分的浸出性。其中，固化是把污染土或废弃物封装在一个具有高度完整性的固体中，通过降低块体与水接触淋滤的表面积和（或）通过宏微观包裹作用，使有害组分迁移受到限制。稳定化是将土或废弃物的有害组分进行化学改性或将其导入稳定的晶格结构中的过程。固化一定会导致土或废弃物的物理及力学性能的提升，但不一定会对土或废弃物有害组分产生化学反应；稳定化则一定会对土或废弃物有害组分产生化学反应，但不一定对土体或废弃物的物理及力学性能产生影响。

根据使用的胶凝材料的不同，固化/稳定化可以分为以下四点。①水泥 S/S 法，主要胶结材料为水泥，或与粉煤灰、膨润土等联合使用，适用于金属、PCBs、油和其他有机污染土或废弃物的处理。②火山灰 S/S 法，主要胶结材料为粉煤灰、石灰、高炉灰、铝硅酸盐，适用于金属和废酸的处理。③热塑性 S/S 法，主要胶结材料为沥青、聚乙烯材料，适用于金属、放射性核物质和有机物质的处理；在一定环境下，在污染土或废弃物中添加乳化沥青，混拌后沥青乳液破裂，在污染土或废弃物周围形成连续的憎水性沥青基质，减少与原污染土或废弃物与水接触进而导致有害组分浸出的环境风险。④磷基、硫基无机胶凝材、有机聚合材料 S/S 法，适用于金属和废酸的处理。

(二)重金属污染土的固化/稳定化机理

重金属污染物与土的相互作用，以及它们随环境的变化对人类和周围环境有重要的影响。它取决于重金属的类型、土的矿物成分、有机质成分、pH 值等。这些污染物质以多种形态存在于土中：以颗粒状与土颗粒同时存在，以液相包裹在土颗粒周围；吸附，吸收；以液相存在于土体孔隙中，以固相存在于土体孔隙中。重金属污染物与土体相互作用主要有吸附、络合、沉淀。

吸附作用包括表面吸附、离子交换吸附和专属吸附。其中，前两者属于物理吸附，而专属吸附属于化学吸附。土体胶体具有巨大的比表面积和表面能，比表面积越大，表面吸附作用越强。离子从溶液中转移到土体胶体是离子吸附过程，而胶体上原来吸附的离子转移到溶液则是离子的解吸过程。吸附与解吸的结果表现为离子相互转换，即离子交换吸附。黏土颗粒表面的官能团有羟基、羰基、氧基、硅氧烷基等，其对重金属有强烈的专一的吸附作用，很难被解吸，称为专属吸附。一般认为，专属吸附属于化学共价键作用，发生在黏土颗粒的内斯特恩层。

黏土颗粒吸附金属阳离子（含重金属）的驱动作用力方式有以下四种。①分子间作用力（又称范德华力，van der Waals force)，是中性分子或原子之间的一种弱碱性的电性吸引力。②静电作用力（又称库仑力)，是正负离子间的静电引力。作用力的大小与电荷的乘积成正比，与它们之间距离的平方成反比。③共价键，是化学键的一种。④氢键，源于静电作用。黏土对重金属吸附呈现明显的选择性吸附。

影响土体中重金属解吸附的因素包括：

1. 金属阳离子浓度升高

碱金属和碱土金属阳离子将被吸附在固体颗粒上的重金属离子交换出来，这是重金属从土中释放出来的主要途径之一。

2. 氧化-还原条件的变化

土中氧化-还原电位的降低使铁、锰氧化物部分或全部溶解，故被其吸附或与之共沉淀的重金属离子也同时释放出来。

3. 土体 pH 值降低

pH 值降低，导致碳酸盐和氢氧化物的溶解，H^+离子的竞争作用增加了金属离子的解吸量。

4. **络合剂含量增加**

络合剂能和重金属形成可溶性络合物，有时这种络合物稳定度较大，可以溶解态形态存在，使重金属从固体颗粒上解吸附下来。除上述因素外，一些生物化学迁移过程也能引起金属的重新释放。

络合指金属阳离子与作为无机配位体的阴离子反应。可以与无机配位体发生反应的金属阳离子包括过渡金属和碱土金属。金属阳离子与无机配位体形成的络合物比与有机配位体形成的络合物的化合能力弱。重金属络合物的稳定性顺序为 $Cu^{2+}>Fe^{2+}>Pb^{2+}>Ni^{2+}>Co^{2+}>Mn^{2+}>Zn^{2+}$，这取决于离子半径。一般当金属离子浓度较高时，以吸附交换作用为主；而在低浓度时，以络合-螯合作用为主。当生成水溶性的络合物或螯合物时，则重金属在土体环境中随水迁移的可能性增大。

沉淀是土固定重金属的重要形式，它实际上是各种重金属难溶电解质在土体固相和液相之间的离子多相平衡，必须根据溶度积的一般原理，结合土体的具体环境条件（主要指 pH 值等）研究和了解它的规律，从而控制土体环境中重金属的迁移转化。重金属的氧化物、氢氧化物，以及硫化物和碳酸盐的性质和溶解，沉淀平衡条件不同，对重金属迁移的影响也不同。

（三）固化/稳定化效果评价

重金属污染土固化/稳定化修复后须进行效果评价，其评价指标涉及固化/稳定化土的 13 种不同物理、力学、环境安全指标，主要包括重金属毒性浸出浓度、无侧限抗压强度、饱和渗透系数。此外，含水量、pH 值、干密度等也是应关注的物理指标。

（四）固化/稳定化施工工艺

固化/稳定化技术按工程施工位置可划分为原位固化/稳定化和异位固化/稳定化两种不同施工工艺。其中原位（In-situ）固化/稳定化技术指在场地原污染位置处采用搅拌桩机等施工机械将污染土与固化/稳定化药剂就地强制搅拌混合；异位（Ex-situ）固化/稳定化技术指将污染土开挖后置于专门处置场所中，外加固化剂/稳定化药剂充分拌和后，再回填原址或外运填埋。相较原位固化/稳定化技术而言，异位固化/稳定化技术虽然在开挖、外运及施工设备的使用和维护等方面的成本较高，但其修复速度较快，且固化/稳定化的效率较高，同时由于污染土异位混合，其不同地层土体的修复均匀度较高，修复效果可控性好。原位固化/稳定化技术无复杂、高成本的地面配套工程设施要求，无须开挖及远距离运输、可有效修复深层土、对土层结构破坏小，可在原地实现污染场地土体中重金属的减毒甚至无毒化，修复过程操作简便，方便维护。此外，原位固化/稳定化更为经济，尤其适用于修复污染土层深、规模较大的污染场地，但施工过程受降雨、低温气候、地下水埋深等影响。

二、污染场地土体气相抽提技术

（一）土体气相抽提技术

土体气相抽提（SVE）技术是一种原位处理包气带污染土体中挥发性和半挥发性有机污染物的修复技术。其原理为在地下抽真空引起气体流动，使土体中的吸附、溶解及自由态污染物挥发为气相，然后在地面对抽出的气体进行收集处理。SVE 通常只对能完全挥发且水溶解度足够低的目标污染物有效。典型的原位土体气相抽提系统包括蒸汽抽提井/抽提管和抽气机或真空泵。

（二）影响因素

影响 SVE 效率的因素主要包括污染物特性与土体特性等。

1. 污染物特性

有机污染物在土中有四种基本存在形式——吸附态、蒸汽态、水溶态、非水相液体（NAPL），分别受吸附系数、蒸汽压力、亨利定律常数和溶解度控制。污染物不同形态的分区影响 SVE 去除效率。

2. 土体特性

土体特性对污染物运移有显著的影响，如孔隙率、含水量、非均质性及表面密封影响气流场的变化等。

（1）土体孔隙率

土体孔隙率降低使土体颗粒对污染物有更高的可吸附面积，同时导致气流可通过的横截面面积降低，进而降低 SVE 处理效果。

（2）含水量

低含水量相较于高含水量的土体，孔隙中填充了更多的气体，在一定真空压力下将产生更大的气流。低含水量的土体更易吸附气相有机污染物，产生处理效果降低的负面效果。

(3) 土体非均质性

土体非均质性由土体孔隙结构、分层、类型和颗粒大小、地下基础设施（如管线等）等诸多因素所决定，影响着污染物的迁移及土体中气流的路径，易产生优势气流路径，而优势气流路径导致土体中原有污染物接触的气流减少，影响污染物去除速率。

(4) 表面密封

场地表面会对气相抽提处理效果产生重要影响，场地表面密封会增加气流在原场地中的处理范围与处理效率，也可防止降雨入渗。表面密封可采用不同的材料，也可利用现有的路面，如沥青、混凝土层或水平铺设的土工膜。

(5) 地下水位深度

当抽提井浸没在地下水位以下时，在压力的作用下会导致水流入抽提井中，水位上升，阻碍空气进入抽提井，减小气相抽提处理的有效半径。可以通过在地下水位之上安装 SVE 井底屏障，减少地下水位抬升对气相抽提处理效果所造成的影响。

(三) 适用性

SVE 技术的场地适用性受场地特征及污染物特性影响，通常更适用于相对透气且均匀的非饱和（包气带）污染区。土体参数如孔隙率、孔隙结构和透气性、场地地形将影响气流的流动。SVE 适用于易挥发的污染物。一般来说，一种化合物或化合物的混合物如果同时具有下述特性才可能应用 SVE 技术：

1. 在 20℃时蒸汽压力至少为 1.0mmHg。

2. 亨利定律常数超过 $0.001 atm \cdot m^3/mol$（$1atm = 1.0 \times 10^5 Pa$，下同）或 0.01（无量纲）。

三、污染场地地下水抽出处理技术

近年来，大多数地下水处理技术都是抽出处理技术的各种变化。抽出处理系统是指通过把地下水抽到地表，去除污染物，然后把处理后的水回灌到地下或者排放到地表水体或城市污水处理厂。一旦地下水被抽至地表，使用现有处理饮用水和污水的技术，污染物浓度就以降低至相当低的水平。但把污水从含水层抽出并不能保证该处所有的污染物都被处理。

通过抽出处理系统的设计可以达到两个不同的目的：抑制和防止污染的扩散；恢复或去除污染物。起抑制作用的抽出处理系统，提取率一般按照阻止污染区域扩大的最低有效作用率确定，运营成本更低。起恢复作用的抽出处理系统，抽水率一般远大于抑制作用的抽出率，采用更高速度的清洁水冲洗污染带。

（一）影响因素

一般情况下，需要对污染场地进行适当且全面的实地调查，为设计工作打好基础。正确进行实地调查可以确定方案的影响因素，它可分为两方面：测定有关的水文地质和相关参数，确定污染物。

1. 水文地质和相关参数

主要的水文地质和相关参数及其对地下水处理技术的重要性包括：

①渗透系数：使水可以穿过一个构造带，影响地下水抽出处理的速率和系统的总流速。

②水力梯度：根据高程和压力的差异影响污染物运动的方向。

③导水系数：影响地下水抽出速率和系统总流速。

④地下水流速：影响溶解污染物运动的方向和速率。

⑤孔隙率：孔隙储存水和污染物，影响渗透系数。

⑥有效孔隙率：影响地下水流速。

⑦储水系数：影响可以被抽出的地下水量。

⑧单位给水量：抽出非承压含水层地下水时引起的排水量体积与孔隙总体积之比，可以影响被抽出的地下水量。

2. 污染物

污染物（COC）是指那些对地下水有害、需要进行抽出处理的地下水中的化学物质。修复措施的选择依赖于现场条件、污染物性质和排放标准。

（二）方案筛选及污水处理技术

筛选过程是从技术可行性及成本的角度评估所确定的技术。在评估成本时，系统预测寿命内的资金成本和运营维护成本应予以考虑。筛选过程的最终结果是考虑到所有因素后，选择成本最低的、技术最可行的方法。以下为常见的污水处理技术。

1. 油/水分离技术

针对轻非水相液体（LNAPL），可采用油/水分离技术。该类液体的密度比水小，回收这样的污染物可以通过两种方法完成：从受污染的地下水中分离回收 LNAPL，把 LNAPL 和受污染地下水作为总流体进行回收。重力分离是油/水分离主要和最常见的处理方法，即基于水和不混溶的油滴之间特定的密度差，把游离油移动到水体的表面后进行分离处理。当 LNAPL 总量较多且现场水文地质条件渗透性较差时，首选总流体回收方法。

2. **炭吸附技术**

有机分子通过扩散被带到活性炭表面，并产生吸附。活性炭对一种化合物或复合物吸附量多少取决于使化合物滞留在溶液与吸引化合物到活性炭之间的平衡关系。

3. **化学氧化技术**

化学氧化技术主要采用臭氧和过氧化氢（单独或共同），同时结合紫外线（UV），破坏存在于地下水中的有机污染物。使用紫外线形成羟基自由基的高级氧化过程，可以增强臭氧（O_3）和（或）过氧化氢（H_2O_2）的利用效率，显著提高它们的反应活性。破坏速率随污染物混合物的性质、pH 值、污染物的浓度等因素而变化。

4. **生物降解技术**

生物降解技术早已被用于市政和工业废水处理，多年来已经演变出几种基本类型，如活性污泥法、滴滤池、旋转生物接触器（RBC）、流化床反应器等。生物降解是表面生物反应器应用于有机化合物污染水处理的实际应用。生物反应器可以促进微生物的生长，从而增加降解有机物的效率。

5. **膜滤技术**

膜滤技术通常可分为微滤、超滤、纳滤、反渗透或超过滤。该技术已被单独或以组合的形式使用，以取代传统的处理技术，并可作为传统处理系统的预处理或精制步骤。膜滤法适用于重金属、有机化合物、溶解固体、悬浮固体等的处理。

6. **离子交换技术**

离子交换法是将不溶性交换材料中特定的离子替换为溶液中离子的过程。

7. **化学沉淀技术**

化学沉淀技术是指通过添加化学品，把可溶的金属离子转化成不溶性的沉淀，产生一个过饱和的环境。化学沉淀技术是处理金属污染水最常用的技术。沉淀大致可分为两大类：化学沉淀和共沉淀/吸附。沉淀过程经历三个阶段：成核、晶体生长和絮凝。通过热力学计算可以预测平衡后的金属盐溶解度。常见的沉淀方法为氢氧化物沉淀法、硫化物沉淀法和碳酸盐沉淀法。

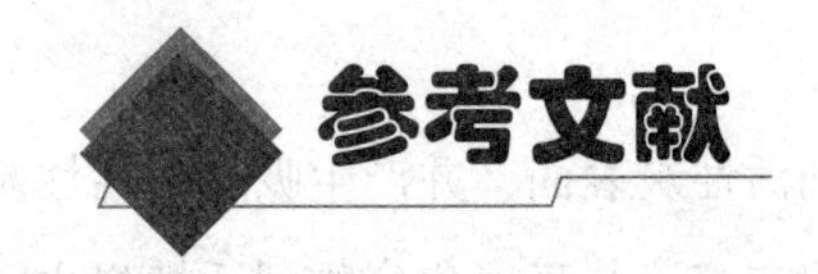

[1] 中国施工企业管理协会. 岩土工程技术的新发展与工程应用 [M]. 北京：中国市场出版社，2022.

[2] 康景文，杨燕伟，刘康. 建筑地基基础若干问题试验研究 [M]. 北京：中国建筑工业出版社，2022.

[3] 谭卓英. 岩土工程勘测技术 [M]. 北京：清华大学出版社，2022.

[4] 雷斌，郑磊，许建瑞. 实用岩土工程施工新技术（2023）[M]. 北京：中国建筑工业出版社，2022.

[5] 周同和，张浩，郜新军. 根固桩与扩体桩 [M]. 北京：中国建筑工业出版社，2022.

[6] 朱志铎. 岩土工程勘察 [M]. 南京：东南大学出版社，2022.

[7] 曹方秀. 岩土工程勘察设计与实践 [M]. 长春：吉林科学技术出版社，2022.

[8] 唐小娟，胡杰，郑俊. 岩土力学与地基基础 [M]. 长春：吉林科学技术出版社，2022.

[9] 柳志刚，三利鹏，张鹏. 测绘与勘察新技术应用研究 [M]. 长春：吉林科学技术出版社，2022.

[10] 储王应，刘殿蕊，张党立. 地质勘探与岩土工程技术 [M]. 长春：吉林科学技术出版社，2021.

[11] 柴华友，柯文汇，朱红西. 岩土工程动测技术 [M]. 武汉：武汉大学出版社，2021.

[12] 郭霞，陈秀雄，温祖国. 岩土工程与土木工程施工技术研究 [M]. 北京：文化发展出版社，2021.

[13] 和礼红，代昂，刘堰陵. 岩土工程典型案例关键技术与实践 [M]. 武汉：中国地质大学出版社，2021.

[14] 刘坚，吴跃东. 新工科建设下岩土工程测试技术的应用 [M]. 南京：河海大学出版社，2021.

[15] 马龙，赵斌. 现代岩土工程勘察与监测技术研究 [M]. 北京：北京工业大学出版社，2021.

[16] 冯震. 岩土工程测试检测与监测技术 [M]. 北京：清华大学出版社，2021.
[17] 汤爱平. 岩土地震工程 [M]. 哈尔滨：哈尔滨工业大学出版社，2021.
[18] 缪林昌，章定文，杜延军. 环境岩土工程学概论 [M]. 北京：中国建材工业出版社，2021.
[19] 王祥国. 岩土工程与隧道施工技术研究 [M]. 成都：电子科学技术大学出版社，2020.
[20] 尚增弟. 大直径潜孔锤岩土工程施工新技术 [M]. 北京：中国建筑工业出版社，2020.
[21] 李林. 岩土工程 [M]. 武汉：武汉理工大学出版社，2020.
[22] 崔德山，陈琼. 岩土测试技术 [M]. 武汉：中国地质大学出版社，2020.
[23] 李红建，吴健. 岩土工程检测技术研究与特殊岩土工程检测 [M]. 北京：北京工业大学出版社，2019.
[24] 刘先林. 三维地质建模技术在交通岩土工程中的应用 [M]. 长春：吉林大学出版社，2019.
[25] 苏燕奕. 地质勘察与岩土工程技术 [M]. 延吉：延边大学出版社，2019.
[26] 郭阳. 岩土工程技术创新与应用 [M]. 长春：东北师范大学出版社，2019.
[27] 上海勘察设计研究院（集团）有限公司. 岩土工程信息模型技术标准 [S]. 上海：同济大学出版社，2019.
[28] 李振华. 岩土工程施工技术与安全管理 [M]. 北京：北京工业大学出版社，2019.
[29] 夏向进. 岩土工程勘察技术及现场管理研究 [M]. 哈尔滨：哈尔滨工业大学出版社，2019.
[30] 施斌，张丹，朱鸿鹄. 地质与岩土工程分布式光纤监测技术 [M]. 北京：科学出版社，2019.
[31] 谢东，许传遒，丛绍运. 岩土工程设计与工程安全 [M]. 长春：吉林科学技术出版社，2019.
[32] 王春来，刘建坡，李佳洁. 现代岩土测试技术 [M]. 北京：冶金工业出版社，2019.
[33] 钟志彬，邓荣贵，崔凯. 岩土力学 [M]. 成都：西南交通大学出版社，2019.